건달농부의 신나는 주말농장

건달농부의 신나는 주말농장

© 이강오, 2016

1판 1쇄 인쇄__2016년 07월 10일
1판 1쇄 발행__2016년 07월 20일

지은이__이강오
펴낸이__홍정표

펴낸곳__글로벌콘텐츠
　　　　등록__제 25100-2008-24호
　　　　메일__edit@gcbook.co.kr

공급처__(주)글로벌콘텐츠출판그룹
　　　　대표__홍정표 이사__양정섭 디자인__김미미 편집__송은주 기획·마케팅__노경민 경영지원__이아리
　　　　주소__서울특별시 강동구 천중로 196 정일빌딩 401호 전화__02-488-3280 팩스__02-488-3281
　　　　홈페이지__www.gcbook.co.kr

값 12,000원
ISBN 979-11-5852-103-5 13520

·이 도서의 국립중앙도서관 출판예정도서목록(CIP)은 서지정보유통지원시스템 홈페이지(http://seoji.nl.go.kr)와
　국가자료공동목록시스템(http://www.nl.go.kr/kolisnet)에서 이용하실 수 있습니다. (CIP제어번호: CIP2016015808)
·이 책은 본사와 저자의 허락 없이는 내용의 일부 또는 전체를 무단 전재나 복제, 광전자 매체 수록 등을 금합니다.
·잘못된 책은 구입처에서 바꾸어 드립니다.

건달농부의 신나는 주말농장

이강오 지음

글로벌콘텐츠

머리말

    저는 시골에서 태어나고 자랐기 때문에 농사일을 거들며 학교를 다녔습니다. 뜨거운 뙤약볕에서 농사일을 하지 않으려고 열심히(?) 공부했는데요. 지금은 주말마다 게으른 도시농부로 한낮에 텃밭에 나가서 농사일을 하고 있습니다. 주말농장은 2012년부터 시작하였습니다. 처음에는 아이들에게 자연을 좀 더 가까이에서 접할 수 있도록 해주고 싶어 시작했습니다.

    2012년과 2013년에는 10평 남짓한 주말농장인 텃밭만 지었습니다. 첫해에는 정말 열심히 텃밭을 지었는데 2년 차에는 텃밭에 쏟는 열정이 식어서 주 1회, 2주에 한 번, 어떤 때는 월 1회 가는 때도 많아 주말농장이 아닌 월말농장이 되어버렸습니다. 이렇게 주말농장에 대한 열정이 식을 때 '칠보산 마을만들기' 공동체를 추진하는 사람들과 우연히 만나게 되었고, 마을만들기에 자연스럽게 참여하게 되었습니다. 저는 농업이라는 키워드를 통해서 지역주민들의 소통공간을 만들면 좋겠다는 취지하에 '공동텃밭' 운영을 지원하였고, '논 놀이터 체험 프로그램'을 기획하고 프로그램 운영에 참여하게 되었습니다.

　공동텃밭은 작물을 공동으로 텃밭을 재배 관리하여 생산된 농산물을 함께 요리하여 나눠 먹으며 소통의 시간을 가졌고, 논 놀이터는 논을 통한 다양한 체험활동을 하며 자연스럽게 벼의 생육과정과 농업인의 노고를 느낄 수 있는 체험프로그램이었습니다.

　또한, 이와 별도로 벼 재배과정을 좀 더 자세하게 배우기 위해서 수원텃밭보급소에서 운영하는 '논 학교'에 입학하여 논농사를 체계적으로 배우기도 하였습니다.

　저는 주말농장을 하면서 세상을 더욱 열심히 살아야겠다는 생각을 많이 합니다. 특히, 주말농장의 텃밭관리에서 가장 힘든 것이 잡초를 뽑아주는 일인데요. 내가 텃밭에 재배하고 있는 작물 이외에는 모두 잡초로 취급되어 뽑아 없애버립니다. 그래야 텃밭에 작물들이 쑥쑥 건강하게 잘 자라기 때문입니다. 과연 저는 가정에서, 회사에서, 사회에서 잡초가 아니고 애지중지 키우는 작물이 되기 위해 얼마나 노력하고 있는지 반문하곤 합니다.

또한 주말농장인 텃밭을 함으로써 저의 활동반경이 넓어진 것 같습니다. 40대 후반에 회사와 집만 오가던 제가 회사 사람들 이외에 다른 분야의 많은 사람들과 소통을 하고 새로운 만남을 이어갈 수 있어 더욱 활기차고 재미있게 살고 있다는 생각이 듭니다.

주말농장에서 작물을 재배하는 데 특별한 노하우가 필요 없습니다. 텃밭에서 작물을 내 손으로 키우기 위해서 정성과 열정만 있으면 됩니다. 매일매일 아니 주말마다 텃밭에 나가서 작물을 돌보다 보면 작물이 자라는 모습에 기쁘고, 싱싱하게 자란 농작물을 수확하여 먹을 때 그 즐거움은 이루 말할 수 없습니다.

사실, 텃밭에서 재배하여 생산한 농산물이 생활에 크게 도움이 되는 것은 아닙니다. 텃밭에서 생산되는 농산물을 생각하면 마트에서 사 먹는 것이 훨씬 더 싸고 이득일 것입니다. 하지만 주말농장을 하면서 조금은 심신수양(?)을 하고 있다는 생각을 합니다. 게으른 도시농부가 1주일에 한 번은 도심을 벗어나 텃밭에 나가 잡초를 뽑아주고, 물을 주고, 쌈채소를 수확하고, 땅을 밟고, 뜨거운 햇빛을 쬐고, 땀을 흘리고, 주변사람들과 이야기하고, 가끔은 함께 맛있는 음식을 나눌 수 있는 횡재도 있어 더욱 즐거운 것 같습니다. 주말농장은 혼자 하는 것보다 여러 사람과 함께 어울려서 하는 것이 더욱 재미있고 좋은 것 같습니다.

마지막으로 주말에 놀러 다니지도 못하고 텃밭에서 고생한 사랑스런 가족과 농사짓는데 많은 재료와 산지식을 전해주신 시골의 어머님과 장인, 장모님께 먼저 깊은 감사를 드립니다. 그리고 '칠보 논 놀이터'를 흔쾌히 승낙해주시고 많은 도움을 주신 달님, 맞장구, 자작나무, 추장, 박창선 통장님과 벼의 생육과정 및 재배방법에 대해서 많은 지식을 나누어 주신 박영재 선생님, 정재훈 선생님, 김정헌 선생님께도 깊은 감사를 드립니다. 또한 두서없고 격 없이 쓴 내용을 책으로 출간되기까지 많은 도움을 주신 글로벌콘텐츠의 대표님과 여러분께 감사의 말씀을 전합니다.

2016년 6월

이강오

목차

도시농부 체험하기

부록

농업을
동경하는
이유

1. 어린 시절의 추억

나는 농촌에서 태어났습니다. 부모님께서는 농사를 지으셨고 어린 시절뿐만 아니라 고등학교 때까지 부모님의 농사일을 도우며 농촌에서 살았습니다. 그래서 농사일이 그 어떤 일보다도 힘들다는 것을 잘 알고 있습니다. 언젠가 한여름의 뜨거운 뙤약볕 아래서 일을 할 때면 부모님께서 항상 이렇게 말씀을 하셨습니다. "이렇게 뜨거운 뙤약볕에서 힘든 농사일을 하지 않으려면 공부 열심히 해서 시원한 에어컨 바람이 나오는 사무실에서 펜대 굴리면서 살아라" 하면서 당부의 말씀을 틈 날 때마다 하시곤 하셨습니다. 그때는 그 말씀을 들으면서 꼭 그렇게 해야지 하면서도 그 깊은 뜻을 이해하지는 못했던 것 같습니다.

내가 어렸을 때만 해도 농기계가 많이 발달하지 않았고 많이 보급되지 않아서 동네 사람들은 품앗이로 이집 저집으로 돌아가면서 농사일을 하였습니다. 농사일의 대표적인 벼농사의 경우에는 못자리 만들기, 모내기, 벼 베기 등 동네 사람들이 서로 작업 일정을 조율하여 농사일을 하였습니다. 내가 살던 시골의 벼농사는 논의 못자리를 시작으로 한 달여간의 기나긴 모내기 행사가 동네 사람들의 협의와 조율로 진행됩니다. 어린 시절 모내기를 하면서 가장 좋았던 것은 새참을 먹는 것이었습니다. 모내기를 이양기와 같은 기계를 사용하지 않고 손으로 모를 내다가 새참이 오면 모두 논두렁으로 나와서 손만 대충 씻고 막걸리와 국수나 밥을 먹으면서 이런저런 이야기를 나누는 모습이 지금도 기억에 생생합니다. 모내기 때 어린 제가 도와줄 수 있는 일은 모춤(어린 모 묶음)을 모심기 좋게 군데군데 가져다 놓고 또 모내기하면서 너무 배게 놓여 있으면 그것을 뒤로 빼주고 모내기를 하는 사람들이 최대한 효율적으로 모내기를 할 수 있도록 도와주는 것이었습니다. 그리고 모춤이 어느 정도 정리가 되면 못줄을 잡아주는 것도 내가 도와줄 수 있는 큰일 중에 하나였습니다.

모내기를 하다보면 동네 사람들이 이런저런 이야기들을 듣는 것 또한 정말 재미있습니다. 또한 노래를 잘하시는 분이 꼭 있게 마련인데 흥겹게 노래를 하시면서 모내기를 합니다. 그러다가 부르는 노래의 레퍼토리가 떨어지면 어린 나한테 노래 한 곡 하라고 하지요. 노래를 못하는 나는 당황해서 멀리 도망치곤 했던 일도 생각이 납니다. 하여튼 어린 시절 농촌에서 모내기는 동네 전체의 공동 작업이었으며 동네 사람들이 모두 참여해서 하는 대표적인 농사일이었으며, 서로 소통하며 공동체적인 삶 자체였습니다.

　가을의 벼 베기는 또 어떻습니까? 가을에 벼가 누렇게 익어 가면 역시나 동네 사람들이 모두 모여서 벼 베기를 합니다. 벼 베기 역시 지금과 같이 콤바인이 아닌 낫으로 하루 내내 넓은 논의 벼를 일일이 손으로 베었습니다. 논의 크기에 따라서 몇 명의 놉(일꾼)을 얻어야 할지를 결정하고 그 일을 하루에 끝내는 것이죠. 대개는 벼를 베어서 볏단을 만들어서 세워놓고 어느 정도 벼가 마르면 타작(탈곡)을 합니다. 타작은 홀테를 이용하는데 가운데 덕석(깔판)을 깔고 그 가장자리에 삥 둘러 자리를 잡고서 홀테(벼를 훑는 기계, 사진 1)를 놓고 벼의 이삭을 훑어내어 벼 수확을 합니다. 타작은 일반적으로 여자(아줌마)들이 하고 남자들은 볏단을 날라주거나 훑어진 벼를 가마니에 담는 일을 합니다. 타작은 논에서도 하는 경우도 있었지만 나중에 벼가 담긴 가마니를 집으로 가져오는 것이 힘들어서 대개는 집 마당으로 볏단을 옮겨서 작업을 합니다.

〈사진 1〉 홀테

〈사진 2〉 시골 고향 논의 모습

벼 타작도 역시 하루 내내 일을 하며 이런저런 이야기꽃을 피우며 공동 작업을 합니다. 이렇게 농사일을 하면서 자연스레 마을사람들이 모여서 일을 하다 보니 옆집의 속사정까지 다 알고 있는 것이 시골마을사람들의 삶이었습니다. 서로를 너무나 잘 알기에 상대방의 입장에서 이해하고 어려움에 처해 있으면 서로 도우며 살게 됩니다. 이런 것이 진정한 소통이 아닐까 싶습니다.

그러나 지금은 농촌마을의 풍경은 어떻습니까. 모내기는 이양기가 예전에 10여 명이서 하루 내내 했던 일을 단 1시간에 끝내버리고 마을 전체의 모내기

15

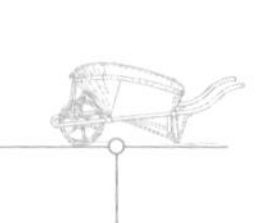

도 1주일이면 모두 다 마무리가 됩니다. 벼 베기 또한 콤바인으로 하면 1주일이면 마을전체 논을 다하기도 합니다. 그러다 보니 농사일이 엄청 수월해졌습니다. 하지만 예전같이 마을사람들과의 정감 있는 농촌생활이 사라지고 있습니다. 물론 현재의 농촌에는 70~80대의 노령인구가 많아지고 젊은 사람은 찾기가 쉽지가 않습니다. 그래서 예전처럼 동네 사람들이 모두 모여서 일을 하려고 해도 할 수가 없는 상황입니다. 시골에서 어린 시절을 보낸 저로서는 그 옛날의 정감 있는 농촌 생활이 그립기만 합니다.

〈사진 3〉 어린 시절을 보냈던 시골 냇가에서 딸내미들의 고기잡이

지금도 농사철이면 가끔 논에 모내기와 벼 베기를 도와주러 시골에 내려가
곤 합니다. 하지만 제가 할 수 있는 일은 간단한 것에 작업시간도 2~3시간이면
끝납니다. 모내기할 때는 논두렁에서 준비된 모판을 이양기에 공급해주는 일
이고, 벼 베기할 때는 콤바인이 논에 벼를 잘 베고 있나 지켜보는 것이 다입니
다. 제가 어린 시절마냥 크게 농사일을 도와줄 것이 없습니다. 하지만 이런 간
단한 일도 시골에 계신 어머니에겐 힘들고 버겁기에 매번 모내기 때나 벼 베기
할 때에는 4시간의 차를 타고 가서 2시간을 일을 하고 나머지 시간은 시골에
서 놀다가 옵니다. 특별한 일이 있어서 시골에 내려가지 못하면 일 할 사람을
구하지 못해 안절부절하시면서 전화를 하십니다. 이처럼 제가 어렸을 때와 지
금의 농촌은 너무나도 많이 변해버렸습니다.

2. 농업에 대한 관심

나는 대학을 지방의 농과대학으로 진학을 하게 되었습니다. 솔직히 말씀드
리면 대학 입시 때 성적이 그리 좋지 않아서 울며 겨자 먹기로 할 수 없이 농과
대학을 선택하게 되었습니다. 하지만 1학년 때 방황기를 보내고 군대를 다녀
오고 나서 예전에 부모님이 말씀하신 "한 여름에도 에어컨이 나오는 사무실
에서 펜대를 굴리면서 살아라"라는 말씀을 교훈 삼아 열심히 공부를 하였습
니다. 농과대학을 나온다고 모두 다 농사를 짓는 것은 아니잖아요. 농과대학
을 나와서도 에어컨이 나오는 사무실에서 펜대를 굴리면서 살 수가 있다는 희

망을 갖고 공부를 했던 것 같아요. 요즘도 그렇겠지만 대학을 졸업하고 취업이 쉽지 않았지요. 그래서 시골 촌놈이 공부라도 더해보자 하는 생각으로 대학원을 진학하였고 기회가 좋아 일본 유학까지 다녀와서 지금은 농업 관련 공공기관에서 농업인과 농촌을 위해서 일을 하고 있습니다. 나의 부모님들의 소원대로 시원한 에어컨 바람이 나오는 사무실에서 펜대를 굴리면서 살고 있지요.

 하지만 시간이 흐를수록 그 어린 시절의 추억이 새록새록 떠오르고, 농촌생활을 그리워하는 시간이 많아진다는 것을 느끼곤 합니다. 언젠가부터 귀농을 해야겠다는 생각이 들기도 하고 말입니다. 하지만 혼자라면 모를까 결혼을 하고 가족이 있는 상황에서 나 혼자 좋다고 잘 다니는 직장을 그만두고 행동으로 옮기기가 쉽지가 않습니다. 그래서 요즘 5일제 근무이다 보니 주말에 시간이 많고 어린 시절의 농사일 경험을 토대로 농사를 지어보면 어떨까 하고, 생각을 하게 되었습니다. 그 당시 물론 주말농장의 붐도 있었고, 아이들에게 농사체험을 경험해 주고 싶은 욕심도 있었고 나중에 아주 먼 훗날 정말로 귀농을 할 때 도움이 되지 않을까 하는 생각으로 주말농장을 시작하게 되었습니다. 그리고 이곳저곳 농업과 관련 있는 일을 찾아서 배우고 함께하고 농사일을 실행할 수 있게 되었습니다. 주위를 찾아보니 도시에서도 농사를 지을 수 있는 곳이 많이 있었습니다. 또한 나와 같은 생각을 하고 있는 사람들도 많이 만날 수 있어 그들과 함께 한 농사일도 재미있는 경험이었습니다.

3. 도시농부를 꿈꾸며

    내가 주말농장을 시작한 것은 2012년이었습니다. 수원 칠보산 지역으로 이사를 오면서 주변에 논이며 밭이 많아 도시와 농촌이 공존하는 지역이었습니다. 수원시가 인구 120만이 넘는 대도시 이긴 하지만 이곳 칠보산 지역은 아직 주변에 논이 많아 한여름의 저녁이면 개구리 소리가 정겹게 들을 수 있어 나에게는 정말 좋은 곳이었습니다. 그리고 가끔 주말이면 5살 아이들도 오를 수 있는 칠보산을 온 가족이 오르는 것이 한가한 주말의 일과였습니다. 주말에 칠보산을 오르다 보면 양옆으로 논과 밭이 펼쳐져 있었으며, 길 옆에 주말농장의 푯말이 꽂혀 있는 밭들이 있었습니다. 그래서 그곳을 지날 때면 정성스럽게 가꾸어진 밭이 있는가 하면 반대로 관리가 전혀 되지 않아서 풀이 작물

〈사진 4〉 칠보산 자락에 있는 도토리시민농장 푯말

〈사진 5〉 당수동 시민농장의 주말농장 안내도

보다도 더 무성하게 자란 곳도 있었습니다. 그렇게 자연스럽게 주말농장을 보면서 지내다가 우리 가족도 내년에는 한번 주말농장을 해보자는 말이 나왔고 그 이듬해에는 10평 규모의 주말농장을 마련하였습니다. 순전히 농촌 출신이면서 어린 시절 농사로 단련된 사람이니 농사짓는 것 어렵지 않다고 집사람에게 폼을 잡고 무작정 시작한 것이었습니다. 사실 어릴 적에 매일매일 농사일을 돕기는 했어도 정확하게 무엇을 해야 할지는 잘 모르거든요. 그래도 큰소리 쳤으니 열심히 텃밭을 가꾸기로 했지요. 무엇보다 신나서 좋아하는 것은 아직 어린 아이들이었습니다.

이렇게 2012년에 시작한 주말농장을 시작으로 그 이듬해까지 열심히 주말농장을 했으며, 2014년에는 좀 더 욕심을 내어서 논농사에도 도전을 하였습니다. 〈한살림경기남부생활협동조합〉에서 하는 '논 학교'에 등록하여 논농사를 본격적으로 배워보겠다고 접수하여 1년 동안 논농사를 공동으로 지었습니다. 그리고 논 학교와 함께 칠보산마을연구소의 마을만들기 공동체를 운영하는 사람들과 연계가 되어서 '논 놀이터'를 기획하여 운영에 재능기부를 하였습니다. 사실 농촌에서 어린 시절을 보내서 대략적인 농사일을 알고 있어서 크게 부담되지 않았습니다. 더군다나 논농사를 통해서 어린 아이들에게 논에서 다양한 체험을 하면서 쌀에 대한 소중함과 농업을 즐기면서 배우는 프로그램으로 자연스럽게 농업을 접할 수 있도록 바랄뿐이었습니다.

이렇게 저는 지난 3년 동안 도시에서 농사를 지으며 살았습니다. 물론 농사를 지으면서 주말에 쉬지도 못하고 가족들과 여행도 많이 다니지 못했지만 그래도 즐거운 시간이었습니다. 특히, 직장을 다니면서 도시에서 농사를 짓고 그 옛날 어린 시절의 농사일과는 또 다른 새로운 경험이었고 귀중한 시간이었습니다. 여기 쓴 내용들은 지난 3년간 도시에서 농사를 지으면서 느낀 점과 체험 내용을 토대로 적어볼 생각입니다.

도시에서 농사짓기

1. 도시에서 농사짓는 기쁨

1) 시농제

칠보산 아래 자목마을에는 '도토리시민농장'이 있습니다. 이곳은 그동안 도토리 교실을 운영하던 자작나무 선생님께서 땅을 임대하여 도시민들이 주말농장을 할 수 있도록 텃밭을 분양하여 공동으로 운영하는 곳입니다. 지난 2012년부터 주말농장을 해오던 터라 이제는 농사에 대해서 조금은 알 것 같기도 하였습니다. 그런데 솔직히 말씀드리면 첫해엔 정말 열심히 주말농장을 관리했던 것 같습니다. 새벽에 일어나서 자전거를 타고 가서 물도 주고 회사에 출근하고 하였으니까요. 하지만 2년 차에는 조금 게을러져서 텃밭에 대한 열정이 식었습니다. 그래서 대충 지었던 것 같습니다. 그리고 3년째에는 우연히

〈사진 1〉 도토리시민농장 대표님의 발원문 낭독

'칠보문화 놀이터'라는 마을 만들기 공동체를 알고부터 새롭게 전환기를 맞이하였습니다. 칠보지역이 그리 넓지 않다 보니 공동체를 하는 사람들은 서로가 모두 알고 지내는 사이더라고요. 그래서 이곳 칠보산 도토리시민농장도 알게 되었고요. 칠보문화 놀이터에서 약 30평의 텃밭을 분양받아서 공동으로 텃밭을 짓게 되었습니다.

3월 말 정도 칠보산 도토리시민농장에서 농사의 시작을 알리는 행사로 '시농제[1]'를 지낸다고 하는 소식을 접하게 되었습니다. '시농제'라… 농촌 출신인 내가 한 번도 경험하지 못한 시농제를 지낸다고 하여서 큰 관심이 가지고 꼭

---

1) 농사의 시작을 알리는 행사로 농사를 관장하는 농신에게 농사가 시작되었음을 알리고, 풍년을 기원하는 고사를 말한다.

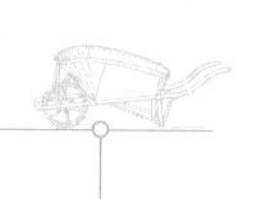

〈사진 2〉 풍년을 기원하며 인사

참석하고 싶었습니다. 그래서 시민농장에서 시농제 하는 날은 무조건 시간을 빼서 참석하기로 나름 다짐을 하였습니다.

드디어 '시농제' 당일 아침 일찍부터 서둘러서 시민농장으로 갔습니다. 벌써 많은 사람들이 와서 천막을 치고 시농제 준비를 하느라고 분주하였습니다. 아는 사람들이 없어 주위에서 쭈뼛쭈뼛하고 있는데 어디선가 풍물패의 소리가 들리기 시작하였습니다. 풍물패는 칠보문화 놀이터에서 운영하는 '칠보농악' 단원들이 준비하여 풍물놀이로 한층 흥을 돋우었습니다. 여기저기서 사람들이 시농제 상을 차려놓은 곳으로 모여들기 시작했으며, 흥겨운 가락으로 한바탕 신명나게 풍물놀이를 하였습니다.

시농제는 시민농장의 농장주인 자작나무의 발원문 낭독을 시작으로 농신에게 제를 지내는 의식을 하였습니다. 시민들 중에서도 농신에게 절을 하는 사람들도 많았습니다. 나도 하고 싶었는데 용기가 나지 않아서 그냥 뒤로 빠져 있었습니다. 이렇게 시농제의 제사를 마치고, 또다시 한바탕 신명나게 풍물놀이를 하고 나서 서로 준비된 음식과 막걸리를 나누어 먹으며 즐거운 시간을 보냈습니다.

시골에서 자란 나도 시농제를 처음 본지라 마냥 신기할 따름이었습니다. 내가 어린 시절 실제로 농촌에서는 시농제를 하지 않지만 새참을 먹을 때 먼저 논두렁 주위에 고수레[2]를 하는 경우는 보았어도 이렇게 풍물패와 어우러진 시농제는 정말 신기하고 재미있었습니다.

하여튼 도시에서 주말농장을 지으며, 혼자가 아닌 여러 공동체와 연계하여서 농사를 짓다 보니 이러한 전통 체험도 하게 되어 정말 좋은 경험이었습니다.

2) 도심에서 바비큐 하기

처음 수원에 와서 바비큐가 하고 싶었던 시절이 있었습니다. 그래서 대형마트에 가서 바비큐 세트와 숯을 샀습니다. 그리고 주변에 바비큐를 할 만한 곳을 찾기 시작하였는데 적당한 장소를 찾기가 쉽지 않았습니다. 그래서 주말만 되면 자전거를 타고 다니면서 한적한 곳이나 빈 공터만 있으면 바비큐를 할 수 있을지 타진해보곤 하였으나 쉽게 장소를 찾지 못했습니다. 수원에 먼저 와서 자리를 잡은 회사사람들에게 물어봐도 특별하게 바비큐를 할 만한 장소를 알고 있지 않았습니다.

---

2) 산이나 들에서 음식을 먹을 때 음식을 조금 떼어 던지는 일을 말한다.

이렇게 바비큐 세트를 사놓고 한 달이 지나도록 한 번 써보지도 못해서 하루는 단단히 결심을 하고 아파트 베란다에서 바비큐를 하기로 마음을 먹고 토요일 점심 때 드디어 바비큐 준비를 하였습니다. 우선 베란다 창문을 열어놓고 바비큐 불판 위에 숯을 놓고 불을 붙이기 시작하였습니다. 숯에 불이 잘 붙지 않아서 부채로 부쳐가면서 겨우 불을 붙였습니다. 드디어 불 위의 그릴에 삼겹살을 올려놓고 익기를 기다리는데 기름이 떨어지면서 불쇼를 하게 되었지요. 그래도 바비큐를 할 수 있다는 것만으로도 기뻤고 숯불에 익은 고기는 정말 맛있었습니다. 아이들과 집사람은 거실에 있고 저 혼자 베란다에서 바비큐 고기를 구워서 거실로 들여보내면 거실에서는 맛있게 구워진 고기를 먹었던 것이죠. 그렇게 한참을 구워 먹고 마무리를 하려고 정리를 하고 거실로 들어오니 거실 천장에 연기가 가득 차 있었습니다. 아뿔싸! 하고 창문을 열고 부채로 연기를 밖으로 나가도록 부치면서 환기를 시키기 시작하였습니다. 한참을 하고 나니 어느 정도 연기가 빠져 나가고 거실 공기가 괜찮아진 것 같았습니다. 다행인 것은 화재 감지기가 감지하지 못해서 스프링클러가 작동하지 않았으며, 화재 비상벨도 울리지 않았지요. 아마 화재 비상벨이 울렸으면 경비실, 소방서에서 달려올 것을 생각하니 눈앞이 깜깜하더라고요. 그 뒤로는 뜨끔하여 절대로 베란다에서 바비큐를 하지 않았습니다. 바비큐는 꼭 집이 아닌 밖에서 하였습니다. 그런 장소를 찾아 주말이면 바비큐 세트를 차에 실고 떠나는 날이 많았습니다.

회사와 학교가 5일제 근무가 되면서 주말에 도시 근교로 놀러 다니는 횟수가 많아졌습니다. 근교로 나갈 때는 항상 바비큐 세트와 아이스박스에 고기와 먹을 것을 넣어 가지고 다닌 적이 많았습니다. 한번은 용문산 근처로 놀러 간적이 있었습니다. 그날도 어김없이 바비큐 세트를 준비해 가서 장소를 물색하여 찾고 있는데 농촌이었는데도 적당한 장소가 나타나지 않았습니다. 그러다가 나무 그늘이 있고 바비큐 하기에 좋은 곳을 발견하여 자리를 폈지요. 한참을 고기를 구워 먹고 있는데 오토바이 탄 아저씨가 왔다 갔다 몇 번을 하는 거예요. 오토바이가 오면 한쪽으로 비켜주고 가면 다시 자리를 잡고 구워 먹고 했는데 나중에 알고 보니 그곳이 동네로 들어가는 길목이었는데 시골이다 보니 한적하여 사람의 왕래가 많지 않았던 것입니다.

이처럼 바비큐를 좋아하던 우리 가족들에게는 주말농장은 바비큐하기에 너무나 좋은 곳이었습니다. 바비큐를 할 때 혼자 하는 것보다 아는 사람들과 함께 하면 그것 또한 무한한 즐거움입니다. 주말농장과 논 놀이터를 하면서 바비큐를 참 많이 하였습니다. 특히, 주말농장에서 하는 것보다는 논 놀이터의 논두렁에서 하는 바비큐 맛은 더욱 일품이었습니다. 연기가 거실에 찰 이유도

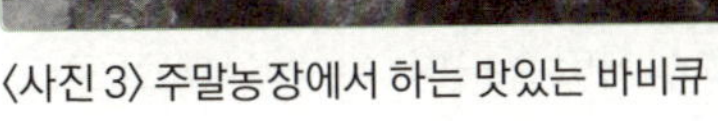
〈사진 3〉 주말농장에서 하는 맛있는 바비큐

없었고 어느 정도 배가 부르면 논두렁에서 돗자리를 깔고 낮잠 한숨 자는 것도 즐거운 낙이었던 것 같습니다. 이 모든 것이 도시에서 농사를 짓는 것으로 가능했던 일들입니다. 단지 주말농장의 텃밭과 논 놀이터의 논이 농작물을 생산하는 것만이 아니라 잠시 한적한 여유를 갖고 즐겁게 사람들과 어울려서 즐기는 장소가 된 것이었습니다.

3) 친구들과 들녘에서 백숙 먹기

어느 여름날이었습니다. 서울과 인천에서 살고 있는 친구들이 내가 농사짓는 것을 보고 싶다고 멀리서 방문을 하였습니다. 매일매일 올리는 나의 SNS를 접하고 정말로 농사를 짓고 있나 확인하고 싶었다고 합니다. 그래서 언제든지 오라고 하였는데 어느 주말에 친구들이 방문한다는 연락을 받고 나는 친구들을 맞이할 준비를 하였습니다. 우선 들녘에서 여유를 즐기면서 맛있는 음식을 나누기 위해서 백숙을 준비하였습니다. 아침부터 닭과 한약재료들을 사서 집에서 1차적으로 삶고 친구들이 오면 준비된 백숙을 당수동 주말농장으로 가져가 쉼터인 원두막에서 먹을 계획을 세워 놓았습니다. 이렇게 먹을 것을 준비하고 나니 친구들이 집근처에 도착했다는 연락을 받고 그동안 내가 지은 농사 현장을 소개하러 나갔습니다.

우선 칠보산마을연구소 공동체에서 운영하는 '논 놀이터'로 안내하였습니다. 논 놀이터는 마을 공동체에 '논 놀이터' 계획을 제안하여서 프로그램 운영을 담당한 것으로 온가족이 논농사를 함께 하면서 자연스럽게 벼의 재배과정을 알고 쌀의 소중함을 알 수 있는 체험프로그램이었습니다. 논 놀이터 프로그램을 운영하면서 매일 아침 일찍 일어나서 자전거를 타고 논을 둘러보고 와서 회사에 출근할 정도로 애착을 갖고 하는 논농사였습니다. 그리고 다양한 체험을 할 때마다 SNS(페이스북, 밴드, 카카오 스토리)에 올렸는데 그 내용을 본 친구들도 내심 재미있겠다고 생각을 하고 꼭 한 번 와보고 싶었다고 하였습니다.

친구들에게 논 놀이터로 이동해서 잘 자란 벼를 보면서 이런저런 이야기를 하고, 예전에 어린 시절 농사일을 도우면서 힘들었던 이야기를 주고받으며 추억의 시간을 가졌습니다. 그리고 우리는 당수동의 주말농장으로 자리를 옮겨서 5평 남짓한 텃밭에 여러 가지 고추, 고구마, 오이, 토마토 등 다양한 작물들이 자라는 모습을 보여주었습니다. 당수동 주말농장은 10만 평 이상의 드넓은 곳으로 주말농장을 대단위로 수원시 농업기술센터에서 운영하고 있습니다. 이곳의 주말농장 텃밭은 집사람이 도시농부학교 과정을 수강하면서 실제 실

〈사진 4〉 논 놀이터 방문하여 인증 샷

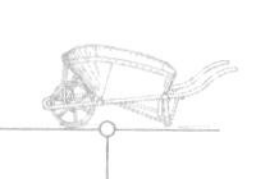

습을 할 수 있도록 5평씩을 제공받아 운영하고 있는 곳입니다. 그 외 일반인들은 별도로 주말농장을 10평씩 신청하여 텃밭을 가꾸고 있습니다. 주말농장을 하다 보면 옆의 밭주인과도 친하게 됩니다. 삭막한 도시에서 서로에 대해서 알아가고 소중한 인연으로 발전하는 경우도 많습니다. 농사를 짓는 사람들은 대체로 마음이 선하여 나쁜 사람이 없거든요.

이렇게 논 놀이터와 주말농장을 소개해주다 보니 어느덧 시간이 오후 1시가 넘어서 점심을 먹기로 하였습니다. 우리는 주말농장 주변에 지어 놓은 원두막

〈사진 5〉 당수동 농장 원두막에서 먹는 백숙

을 하나 잡아서 준비해온 백숙, 술, 과일 등을 맛있게 먹었습니다. 역시 멀리서 찾아온 친구들과 모든 근심걱정을 잊고 여유롭게 음식을 나누는 것만으로 행복하였습니다. 우리는 친구들과 어두워질 때까지 정말 많은 이야기를 나누고 즐거운 시간을 보냈습니다.

친구들도 너무 좋다고 이렇게 좋은 경치에서 맛있는 음식을 먹어보기는 처음이라고 할 정도였습니다. 항상 시간에 쫓기며 바쁘게 살아가는 도시 사람들에게 있어서 오늘 같이 여유롭게 좋은 친구들과 맛있는 음식을 나누는 시간은 정말 즐거운 일입니다.

4) 오랜 친구를 만나다

칠보산 도토리시민농장에서 '맑음터'를 가꾼 지 2개월이 흘렀습니다. 맑음터는 칠보산마을연구소에서 공동으로 가꾸고 운영하는 공동 텃밭으로 운영관리는 집사람이 하기에 저는 덤으로 매주 풀 뽑기, 물 주기, 제초작업 등 노동을 기부하며 매주 텃밭에서 작업을 하였습니다. 항상 텃밭을 가꾸다 보면 유난히 성실하고 알차게 텃밭을 가꾸는 사람들이 있습니다. 맑음터 옆의 텃밭에도 유난히 고난도의 작물 재배기술과 해박한 지식으로 주말농장을 꾸려나가는 사람이 있었습니다. 그래서 주말에 매번 작업을 할 때면 인사를 하고 작물을 재배하고 관리하는 것에 대한 이야기를 나누기도 하였습니다. 처음에는 물 호스를 이용하여 물을 주는 것에 있어서 조금은 신경질적인 적도 있었습니다. 물 호스에 작물이 다쳐서 쓰러지는 경우도 가끔은 있었는데 그럴 때마다 불만을 토로하곤 하였습니다.

〈사진 6〉 양봉기술을 습득하고 있는 나의 소중한 친구

맑음터에는 일반 주말농장과는 다르게 국화를 심어 가을에 국화꽃을 이용하여 감주를 만들고, 그 외에는 허브, 여주, 들깨, 상추, 더덕, 배추 등을 심어서 회원들이 모여서 직접 재배하고 수확한 농산물을 가지고 모임 때마다 맛있는 음식을 만들어 먹으면서 서로 소통하는 만남의 프로그램이었습니다.

모임이 있을 때면 회원들이 모여서 직접 텃밭에서 채소와 허브 등을 수확하여 음식을 만들어 먹었는데 그날도 토마토와 허브를 이용하여 음식을 만들어 먹으면서 주위의 사람들도 불러서 함께 나누어 먹었습니다. 먹다보면 자연스럽게 술도 마시게 되는데 옛날 어린 시절 들판에서 새참을 먹을 때 저 멀리서 일하고 있는 동네 사람을 불러서 함께 먹었던 것처럼 주말농장 텃밭에서 작업을 하거나 지나가는 사람들을 붙잡고 술 한 잔을 권하며 이런저런 이야기를 나눕니다. 대개는 텃밭 가꾸는 이야기며 지역공동체의 발전을 위한 정보, 수원시에서 운영하는 시민을 위한 프로그램 등 다양한 정보를 나누게 됩니다. 음식을 먹을 때 맑음터 옆에 주말농장을 하는 아저씨(?)도 함께 자리를 하게 되었는데 이런저런 이야기를 하다가 혹시 몰라 이름을 물어보았습니다. 그런데 그 이름이 귀에 매우 익은 것이었습니다. 그래서 고향을 물어보고, 나이를 물어보고 몇 가지 확인을 해보니 고등학교 3학년 때 같은 반 친구였습니다. 정말 놀라서 어안이 벙벙하였습니다. 그동안 바로 옆에 밭을 지으면서도 서로 존댓말을 하며 서로 하고 싶은 말만 하고 지나가던 사이였는데 이렇게 음식을 나누며 소통을 하다 보니 좀 더 깊은 대화를 나눔으로써 서로를 알게 된 것입니다. 오랜만에 만난 친구와 나는 그날 나머지 일을 팽개치고 앉아서 거하게 술을 마시며 다음에 날을 잡아 좀 더 깊은 이야기를 나눌 것을 약속하기도 하였습니다.

친구도 귀농과 주말농장에 관심이 많아서 몇 년째 그 곳에서 텃밭을 가꾸고 있었으며, 벌을 키우는 양봉기술을 배우기 위해서 열심히 노력중이라고 하였습니다. 그 친구를 알게 된 이후로는 좀 더 많은 이야기를 나눌 수 있었으며, 그동안 고향을 떠나와서 아는 사람이 없을 것이라고 생각하고 살았는데 이렇게 가까운데서 친구를 알게 되다니 이것 역시 주말농장이 주는 즐거움이 아닌가 싶습니다. 역시 텃밭을 가꿈으로써 나에게 몸에 좋은 농산물뿐만 아니라 소중한 사람들을 알아가게 되는 인연을 맺고 좀 더 풍요로운 인생이 되고 있는 것입니다. 정말 우연하게 주말농장에서 고향 친구를 만난 것은 예전에 'TV는 사랑을 싣고'라는 프로그램과 다를 바 없었습니다. 말할 수 없이 기쁘고 소중한 사람을 다시 만나게 되어 정말 좋았습니다.

5) 도시농부 축제

　요즘은 각 지자체마다 다양한 축제들을 많이 하고 있습니다. 물론 지역발전을 위해서라고 하지만 도시에서도 '농사'라는 테마로 정말 다양한 축제를 많이 합니다. 이러한 축제를 주말농장을 하지 않을 때는 알지 못하였으나 내가 주말농장을 하고, 주위의 마을공동체 사람들과 소통을 하며 생활하다 보니 도심 속에서도 많은 축제를 한다는 것을 알았습니다. 먼저 3월이면 각 주말농장이나 도시농업센터 등에서는 시농제를 시작으로 음식 만들기 축제, 수확제 등 많은 축제를 합니다. 그중에서도 수원시농업기술센터에서 운영하고 있는 수원시 당수동 시민농장에서는 정말 큰 축제를 합니다. 축제를 할 때면 그동안 농사 지어 수확한 다양한 실적 나누기와 도시에서 농사를 지으면서 누리는 행복 나누기 등 함께 어울려 농사의 즐거움을 나눕니다.

〈사진 7〉 당수동 시민농장 도시농부 축제(탈곡 체험)

〈사진 8〉 도시에서 소타는 놀이 체험1

예전에 시골에서나 볼 수 있었던 소등타기, 홀테로 벼 훑기, 농기계 체험, 농업 관련 전시회 등 다양한 놀이와 체험에 직접 참여할 수 있는 기회가 주어집니다. 커가는 아이들에게는 더할 나위 없는 농촌생활의 삶을 느끼게 할 수 있는 시간인 것입니다. 물론 농촌 체험이나 생활보다는 행사나 선전 위주로 치우쳐서 조금은 부담되는 부분도 있지만 그래도 이것저것 여러 가지 놀이 체험을 하다보면 하루해가 금방 넘어갑니다.

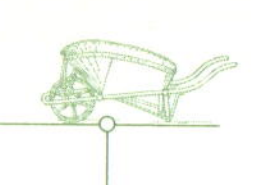

24회 수원그린축제 참관기

　당수동 시민농장에서 제24회 수원시 그린농업축제가 열렸습니다. 큰맘을 먹고 아이들과 함께 개막식 시간에 맞춰서 행사장에 갔습니다. 그런데 차량이 너무 많고 구경나온 사람들도 엄청 많았습니다. 집에서 가까워서 게으름을 피우며 늦게 축제장을 찾은 우리들과는 다르게 이미 많은 사람들이 와서 이것저것 행사를 즐기고 있었습니다. 그런데 어떤 사람은 팔에 밴드를 차고 있었습니다. 나중에 알고 보니 이것이 경품 추첨이나 기념품을 증정할 때 쓰는 것이라고 하였습니다. 그래서 우리도 경품을 받기 위해서 접수처에 등록을 하러 갔는데 이미 접수 밴드가 없다고 하면서 그냥 주소와 이름만 적으라고 하였습니다. 오늘 준비한 밴드는 이미 초과하여 다 나갔다고 하면서 우리에게는 밴드를 주지 않았습니다.

　우리는 그냥 뭐 그것 받아서 뭐해 하며 무시하고 연 만들기, 치즈 만들기, 아이스크림 만들기 등 이곳저곳 부스를 방문해 다양한 체험을 하였습니다. 어느덧 배가 고파 야시장에 가서 떡볶이와 슬러시도 사 먹으며 축제를 즐겼습니다. 그런데 행사 중간 중간에 경품 추첨을 하는 것이었습니다. 작은 경품인 쌀에서부터 자전거까지 말입니다. 사실 추첨하여 주는 경품이 조금 탐이 나긴 했지만 밴드가 없어서 그냥 무시하고 놀았습니다. 원래 그런 경품에 큰 기대를 한 적이 없었으니까요.

　저녁 늦게까지 다양한 체험과 구경을 하고 행사가 마무리되고 모두들 자리를 뜰 때 오늘 참가자들에게 기념품으로 쌀(2kg)을 나누어 준다기에 긴 줄 행렬 뒤에 우리 가족도 줄을 섰습니다. 우리는 그래도 오늘 1시부터 와서 열심히 즐기고 놀았으니 쌀이라도 받아가야겠다 싶어서 긴 줄 속에 오랜 시간을 기다렸습니다. 아뿔싸! 그런데 그곳에서도 밴드가 없는 사람에게는 기념품으로 지급되는 경품 쌀도 지급되지 않았습니다. 그래서 그냥 줄 서 있었던 시간만 허비하고 되돌아와 야만 했던 씁쓸한 기억이 납니다.

〈사진 9〉 쌀 기념품을 받으려고 서 있는 긴 줄

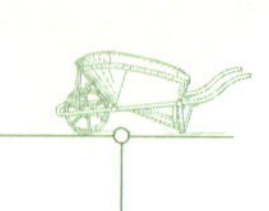

6) 음식 나누기

칠보산마을연구소에서는 칠보산 도토리시민농장의 텃밭을 30평 임대하여 '맑음터'라는 공동 텃밭과 여기서 생산된 농산물을 갖고 맛있는 요리를 만들어 먹는 프로그램이 있습니다.

주로 회원제로 각 회원들을 모집하여 공동으로 요리해 먹을 채소류를 텃밭에 심고, 그것을 함께 가꾸고 수확하여, 다함께 모여서 요리를 만들어 먹으며 소통도 하고 한적한 들판에서 잠시나마 여유를 즐길 수 있는 프로그램이라고 할 수 있습니다. 텃밭 가꾸기에 여러 사람이 함께 모여서 땅을 파고, 씨앗을 뿌리고, 물을 주고, 작물을 수확하고, 갓 수확한 농산물로 요리하는 것을 집이 아닌 텃밭에서 하는 것입니다. 얼마나 평화롭고 여유로운가요?

하지만 처음의 예상만큼 회원이 많지는 않았지만 그래도 6~7명이 참여하

〈사진 10〉 맛있는 음식나누기

여 운영하게 되었는데 매번 획기적인 요리를 만들어서 서로 나누어 맛있게 먹었습니다. 앞에서도 이야기했듯이 이 프로그램에서 20년 만에 고등학교 친구를 만나는 기쁨을 누리기도 하였습니다.

7) 수세미 물 받기와 수세미 효소 담그기

매년 가을이나 겨울에 시골집에 가면 어머니께서 수세미 효소와 수세미 물을 받아서 주시곤 하였습니다. 항상 겨울철이면 감기와 알러지성 재채기에 힘들어하는 모습을 보시고 매년 수세미를 키워서 효소를 담아 주셨습니다. 그리고 무엇보다도 수세미 나무를 자르고 난 다음에 그 줄기에서 나오는 물을 받아서 주신 수세미 수액은 정말 돈 주고 살 수 없는 귀중한 우리 식구들의 겨울철 비상약이었습니다.

칠보산 도토리시민농장에서 주말농장을 지으면서 오며 가며 눈여겨보았던 것이 생태뚱집 옆에서 정말 잘 자란 수세미 나무였습니다. 뚱집 옆 때문이었는지는 몰라도 수세 열매 또한 상상하기 힘들 정도로 매우 컸습니다. 수세미 열매 하나가 우리 집 작은딸 키보다 컸으니 말입니다. 저와 집사람은 수세미의 효소와 수세미 물의 효력을 알기에 그것을 호시탐탐 노리다가 농장주인인 자작나무에게 부탁과 허락을 받은 후에 수세미를 수확하여 효소를 담았습니다. 효소는 수세미 하나만 해도 꽤 많은 양이 되었습니다. 수세미를 모두 수확하고 나서 줄기를 잘라 수세미 수액을 받았습니다. 줄기를 자르고 그곳에 페트병을 대고 테이핑을 하고나서 1~2일 정도 지난 다음에 가면 수액이 가득 차 있었습니다. 수세미 수액을 먹어 보면 약간은 흙냄새가 나면서 조금은 역겹습

〈사진 11〉 생태똥집 옆의 수세미 줄기

〈사진 12〉 물음표 모양의 수세미

〈사진 13〉 수세미 수액

〈사진 14〉 수세미 효소

니다. 하지만 기침이나 알러지성 재채기를 하는 데에는 특효약이었습니다. 물론 의학적으로 증명되지는 않았지만 민간요법이랄까요. 정말 이런 좋은 수세미 효소와 수액을 도시에서 얻을 수 있다는 것이 마냥 좋을 뿐입니다. 저는 새벽과 저녁으로 농장에 들러서 수액통을 확인하고 다 찬 것이 있으면 교체하여 주었고 3개 줄기에서 총 4통(페트병 2L)의 수세미 수액을 얻을 수 있었습니다.

8) 도심 속의 생태똥집

시골집의 화장실은 3년 전까지만 해도 골프식(?) 화장실이었습니다. 주춧돌을 2개를 놓고 앞에는 나무를 아궁이에서 태운 재가 있고, 뒤에는 그 재와 똥이 섞여서 쌓여 있습니다. 하지만 연탄보일러와 기름보일러로 바뀌면서 재가 없어지고 그냥 벼 도정 후 껍질인 왕겨를 이용합니다. 골프식이란 주춤돌에 앉아서 볼일을 보고 난 후 삽을 이용하여 앞에 있는 재나 왕겨로 똥을 덮어서 뒤로 쳐내어 쌓아 놓는다는 것으로 골프 치는 것과 유사하여 골프식이라고 우스갯소리로 말하곤 합니다. 이렇게 화장실에서 1년 동안 온 가족들의 대변으로 모아진 거름은 봄이 되면 밭으로 내어서 뿌려지게 되고 그 거름기를 흡수하여 밭의 작물들은 무럭무럭 잘 자라게 됩니다.

주말농장을 하다 보면 거름의 중요성을 느끼곤 합니다. 농약이나 화학비료를 전혀 사용하지 않고 농작물을 재배하다보니 거름이 정말 중요합니다. 물론 시중에서 팔고 있는 퇴비를 사서 뿌리기도 합니다. 어떤 이는 텃밭 한쪽에 거름더미를 만들어서 직접 거름을 만들어 쓰기도 하고 또 어떤 사람은 소변액비를 만들어 사용하기도 합니다.

〈사진 15〉 생태똥집 외부 모습

〈사진 16〉 생태똥집 내부 변기

　내가 본 칠보산 도토리시민농장의 '생태똥집'은 그 옛날 시골 우리 집에 있었던 화장실과 매우 유사하였습니다. 다른 점은 소변과 대변을 나누어 받았으며, 대변의 경우 커다란 통을 의자 밑에 두어 대변을 본 후 왕겨를 덮어서 보관하다가 통이 차면 다른 곳에 쌓아서 발효를 시켜서 거름으로 사용할 수 있도록 만들어져 있습니다. 파리와 냄새가 좀 불편하긴 하지만 이것이 얼마나 친환경적이고 실제 농사를 짓는 사람들에게는 얼마나 중요한지를 몸소 알려주는 중요한 거름입니다.

9) 내가 키운 배추로 김장하기

매년 겨울이 되면 김치를 담급니다. 하지만 도시의 주부들은 언젠가부터 김치를 직접 담가먹기보다는 사먹는 경우가 많은 것 같습니다. 하지만 김치를 좋아하는 나로서는 아직은 사먹지 않고 대신에 양가(본가와 처가)에서 가져다가 먹습니다. 김치 맛이 약간 다르긴 하지만 그래도 시중에서 사먹는 것보다는 안전하고 맛있기 때문에 매년 겨울이 되면 양쪽 집을 오가며 김장을 돕고 김치통에 김장김치를 가득 채워서 집에 돌아옵니다. 하지만 올해는 달랐습니다. 연초부터 김치를 직접 담가보겠노라고 다짐한 집사람 때문에 집에서 다소 걱정스런 김장을 하였습니다. 김장을 한두 포기하는 것도 아니고 20~30포기를 할 것인데 겁 없이 담갔다가 맛이 없으면 큰일이기 때문입니다. 물론 직접 만들었기 때문에 버리지는 못할 것이고 그것을 먹어 없애야 하는 고통을 고스란히 껴안을 사람은 우리 식구 중에 저였기 때문입니다. 그래도 내색은 하지 못하고 일단은 해보자고 하여 집사람에게 힘을 실어 주었습니다.

예전 같으면 주말농장에서 상반기 작물을 수확한 후에는 특별하게 작물을 심지 않았습니다. 작년 같은 경우에는 배추를 심었는데 김장을 하지 않기에 약 20포기를 옆집에 알고 지내는 사람에게 드렸는데 고맙다는 인사를 수없이 많이 들었습니다. 하지만 올해는 배추를 심을 때부터 양념에 해당하는 것까지 무엇을 심을지 고민하면서 신이 났던 집사람의 모습이 지금도 눈에 선합니다.

드디어 배추 모종을 사다가 당수동 주말농장에 심고 뿌리가 활착 될 때까지는 매일매일 물을 주며 가꾸었습니다. 어느 정도 뿌리가 안착을 했을 때는 주위의 잡초를 제거해 주었습니다. 그리고 특별한 거름으로 소변액비를 만들어

서 뿌려주었습니다. 그런데 옮겨심은 배추 모종 중에 몇 포기가 시들시들하면서 죽고, 크지는 않지만 배추밭에 군데군데 구멍이 났습니다. 그런데 어느 날 주말 텃밭의 옆 밭 주인이 자기 밭의 심어 놓은 배추가 너무 배서 솎아주어야 한다면서 삽으로 뿌리가 다치지 않게 떠서 구멍 난 배추 밭에 옮겨심으라고 주셨습니다. 그 배추는 우리 집 배추보다 더욱 크고 상태도 좋았습니다. 마냥 고맙다는 인사를 몇 번이고 하였습니다. 역시 뿌리가 다치지 않게 삽으로 떠서 옮겨심어서 인지 별 탈 없이 잘 자랐습니다. 농약을 하지 않고 재배하다보니 애벌레들이 많았습니다. 배추 잎을 들춰보면 시커먼 똥들이 보였는데 애벌레들은 여간해서는 잘 보이지 않습니다. 배추 잎과 같은 색깔로 변해서 은신해 있는 배추벌레를 잡기는 정말 쉽지가 않습니다. 그래도 시간을 내어 배추벌레를 잡아 죽이기에는 징그럽다고 조그마한 플라스틱 물통에 담아서 뚜껑을 닫아 격리시켜서 처리하였습니다.

드디어 지난여름부터 정성스럽게 가꾼 배추를 수확하는 날이었습니다. 시간이 없다보니 일요일 아침 일찍 큰 광주리를 챙겨 배추밭으로 갔습니다. 11월이라서 그런지 이른 아침에 서리가 많이 내려 있었고 쌀쌀하였습니다. 수확한 배추포기는 엄청나게 컸습니다. 큰 광주리와 마대에 배추와 무를 뽑아 대충 정리를 하여 집으로 가져와서 김장준비를 하였습니다. 우선 재료를 깨끗이 씻어야 하는데 적당한 공간이 없어서 화장실에서 씻고 저녁에 소금에 절여 놓고 아침 일찍 씻어서 김장을 하였습니다. 김장하는 날에는 초등학교 다니는 두 딸이 옆에서 이것저것 도와주었으며 엄마가 김치 담는 모습이 대단하다며 존경의 눈빛을 보내곤 하였습니다. 양념으로 쓰이는 파, 갓, 마늘 등을 다듬고

〈사진 17〉 배추 수확

〈사진 18〉 김장 담그기

〈사진 19〉 김장 완료

준비해 두는 것도 힘든 일 중에 하나였습니다. 특히, 텃밭에서 직접 기른 쪽파가 너무 작았는데 아까워서 버리지 못하고 실오라기 같은 파들을 모두 다듬어서 김장하는 데 사용하였습니다. 김장하는 날 빠질 수 없는 것은 역시 수육입니다. 수육을 삶아 밥과 썰지 않은 김치를 함께 먹는 맛은 예전에 본가와 처가에서 맛보았던 것과 또 다른 성취감과 맛을 느낄 수 있었습니다. 김장김치의 맛도 정말 좋았습니다.

10) 베란다에서 벼 키우기

지난여름 논 놀이터 모내기 때 화분을 준비해 벼 모종을 심어서 베란다에 놓았습니다. 도시인으로서 매번 논에 나가서 쑥쑥 자라는 벼의 모습을 본다는 것은 매우 어려운 일입니다. 그래서 논 놀이터에서 모내기를 할 때 회원들에게 모두 벼 모종을 심을 수 있는 화분을 가져 오라고 하고, 모내기 후 벼 모종을 화분에 심어서 집으로 가져가도록 하였습니다. 나도 벼 모종을 화분에 심어서 베란다에 놓고 싶었는데 마땅한 화분이 없었습니다. 그래서 이리저리 화분(용기)을 찾다가 집에서 한약을 달여 먹었던 약탕기를 발견하였습니다. 그래서 그곳에 벼 모종을 심고 이름을 "밥이 보약이다"라는 콘셉트까지 부여해주었습니다. 약탕기 안에서 쑥쑥 자라서 쌀이 되고 그 쌀로 밥을 해먹으면 몸에 좋은 보약이 되지 않을까 하는 기대로요. 하여튼 매일매일 논에 직접 가지 않고도 아침에 일어나 집 베란다에서 벼를 볼 수 있어서 매우 좋았습니다.

물론 베란다에서 자라는 벼 모종은 논에서 자라고 있는 벼보다는 생육환경에 있어서는 부족한 것이 많았습니다. 햇볕도 부족하고, 거름도 부족하고, 여러 가지 생육환경이 부족하여 정상적인 발육에 어려움이 있었습니다. 한 번은 햇빛을 쪼여줄 요령으로 베란다 창밖의 난간에 화분을 내어 놓았는데 바람이 세차게 불어서 벼잎과 줄기가 부러지는 사고가 발생했습니다. 그래서 나무

〈사진 20〉 약탕기에서 자라고 있는 벼(정식 1개월 후)

〈사진 21〉 베란다에서 잘 자라고 있는 화분 벼

〈사진 22〉 탈곡을 기다는 벼

〈사진 23〉 손으로 탈곡한 벼 낟알들

젓가락으로 지지대를 만들어 세워주기도 하였습니다.

큰 관심에 비해 일반적으로 재배한 벼보다 생육 속도는 느렸고, 포기 분얼도 많이 일어나지 않았지만 가을에는 벼꽃도 피고 벼 이삭 알맹이도 제법 맺혀서 그것을 손으로 훑어서 껍질을 벗겨 한줌 정도 되는 쌀을 밥할 때 넣어 먹을 수 있었습니다.

11) 흑미 품종을 채집하다

벼 재배하는 곳을 가다 보면 논에 특정한 글씨나 그림으로 시각화를 해 놓
은 논이 있습니다. 이런 논을 볼 때면 정말 아름답다는 생각을 하였습니다. 그
래서 이번 논 놀이터를 운영할 때 논에 유색 벼를 이용하여 특정한 문구나 디
자인을 하고 싶었습니다. 하지만 유색 벼를 준비하지 못하였고, 논에 디자인

〈사진 24〉 논 놀이터에 심어 놓은 유색종 벼 2포기

〈사진 25〉 유색종 벼의 볍씨 채종

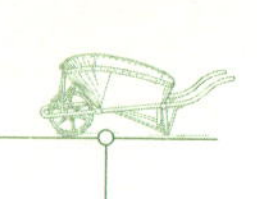

을 시도하려면 많은 노력을 필요로 하는데 그렇게 하기까지는 시간적으로나 열정이 부족하였습니다. 그래서 그냥 포기하고 다음 기회를 예약하며, 논 학교에서 모내기를 하면서 유색 벼 4포기를 가져왔습니다. 그래서 2개는 논 놀이터에 심었고, 나머지 2개는 집 베란다의 화분에 심어 재배하였습니다. 내년에는 꼭 유색 벼 종자를 받아서 논에 디자인으로 시각화할 생각입니다. 그래서 논에 갈 때는 항상 심혈을 기울여서 보살펴 주었으며, 항상 생육단계별 사진도 찍어서 관리를 해주었습니다. 논에 심었던 유색 벼는 제법 포기가 크게 분얼을 하여 많은 량을 수확할 수 있었고, 일단 볍씨를 채종하여 잘 보관해 두었습니다.

12) 도심에서 보리 구워 먹기

어느 날 당수동 시민농장에 갔는데 때마침 아름다운 경관을 위해서 심어 놓은 보리밭에서 콤바인을 이용해 보리를 베어 타작하고 있었습니다. 어릴 적에 보리를 구워 먹던 생각이 나서 베고 남은 보리 이삭을 주워서 구워 먹기로 하였습니다.

우선 보리와 불쏘시개를 주워 모아서 불을 피워 보리를 구웠는데 불 조절이 어려워 아주 많이 탄 보리도 있고, 어떤 보리는 아예 익지를 않는 것도 있었습니다. 오랜만에 구워 먹어보는 보리인데 구워 먹기가 쉽지 않았습니다. 그래도 입으로 후~~후~~ 불어가면서 보리를 구웠습니다. 다 구워진 보리를 하나 꺼내어 손바닥으로 비벼서 껍질을 벗겨 먹었는데 그 옛 맛을 느끼긴 어려웠습니다. 그래도 옛 추억을 생각하며 몇 개를 주워 먹었는데 나름 구수한 맛을 느낄 수 있었습니다. 예전에 먹을 것이 없던 시절에 보리를 구워 먹고, 콩도 구워 먹곤 했는데 이제는 사라져 가는 추억이 되고 말았습니다.

〈사진 26〉 보리이삭

〈사진 27〉 잘 구워진 보리 이삭들

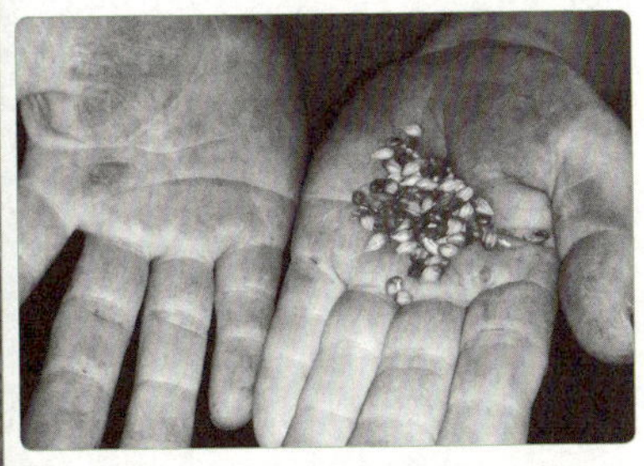
〈사진 28〉 손으로 비벼서 껍질을 벗긴 보리

53

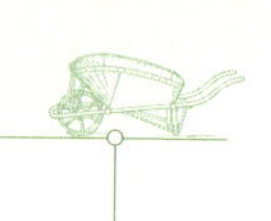

2. 농업인과 도시농업인의 차이점

오랜 기간 동안 도시에서 농업을 하지 않았지만 주말농장과 논농사를 지으면서 실제 농업인과 도시농업인과의 많은 차이점이 있는 것을 발견했습니다. 이러한 농업인과 도시농부 간의 차이점을 몇 가지 적어보도록 하겠습니다. 어떻게 보면 전문 농업인이 볼 때 도시농부들이 농사짓는 것을 보고 장난하고 있다고 할지는 모르지만 그래도 나름 도시농부들도 열심히 땀 흘려가면서 밭을 가꾸고 작물을 정성스럽게 키우고 있답니다.

1) 건달농부(매일 VS 주말, 월말)

'건달농부'라는 낱말에서 풍기는 이미지는 그리 좋지 않은 느낌을 주고 있습니다. 하지만 말 그대로입니다. 농업인의 입장에서 주말농장을 하는 도시농업인을 보면 그렇게 비춰질 수도 있습니다. 농업인들은 농업을 생업으로 하는 반면 주말농장을 하는 도시민들은 일주일에 한 번 와서 잠시 둘러보고 가는 모습이 별로 달갑지 않아서 붙여진 이름이라는 생각이 듭니다. 일주일에 한 번 와서 텃밭을 둘러보는 것을 주말농장이라 한다면 월에 한 번 와서 텃밭을 보는 사람은 월말농장을 가꾼다고 하지 않을까 싶습니다. '건달농부'라는 말은 제가 논 놀이터를 운영할 때 논 주인이신 통장님께서 하신 말씀입니다. 실제로 논 놀이터에 참여하는 사람들은 한 달에 한 번 체험프로그램에 따라서 참가하고 나머지 날에는 벼 생육에는 관심이 없지요. 논 놀이터의 벼가 자라고 있는 모습을 체험 행사가 있을 때만 와서 볼 뿐이지 그것이 잘살 수 있도록 매일

매일 돌보지는 않는다는 말입니다. 그래서 "논농사 체험에 참가하시는 여러분은 참 쉽게 농사를 짓는다"고 하시면서 "건달농부"라고 말씀하시더라고요. 그 말씀을 듣고 나서 가만히 생각해보니 그렇겠구나 하는 생각이 들더라고요. 뭐라 반론할 여지가 없더라고요. 실제로 주말농장을 하면서 주 1회 또는 월 1회 텃밭에 와서 작물을 돌보며, 텃밭을 가꾸기 위해서 실제 일하는 시간은 그리 많지는 않습니다. 물론 텃밭의 면적이 적어서 그런지도 모르겠지만 그래도 아무런 부담 없이 농사를 짓는 것이 주말농장이라는 생각이 듭니다. 하지만 주말농장을 하는 사람들을 보면 처음 시작할 때는 대단한 각오로 임하여 농사를 짓는데 점차 시간이 흐를수록 그 대단한 각오가 점점 쇠퇴해 주말농장에 나오는 횟수가 줄어드는 경우가 많습니다.

하지만 건달농부일지언정 도시에서 건달농부로 산다는 것도 쉽지 않을뿐더러 바쁜 도시생활을 하면서 주말농장에 많은 시간과 노동력을 투자하는 것만은 사실입니다. 이렇게 노동력과 시간을 투자하여 텃밭을 관리하지 않으면 텃밭은 빠르게 황무지로 변해버립니다. 주말농장을 둘러볼 때 텃밭의 작물이 잘 자라고 수확이 많고 적고를 떠나서 잡초가 무성하게 자란 황무지만 아니면 그 텃밭을 짓고 있는 주말농장의 주인은 열심히 도시농부로 살고 있다고 할 수 있습니다.

도시농부로 산다는 것만으로도 좋은 점은 너무나도 많습니다. 우선은 내가 직접 키워서 먹으니 안전한 농산물을 먹을 수 있어 좋고, 정서적으로 풍요로운 생활을 즐기고, 아이들에게는 자연스럽게 자연의 이치를 깨닫게 해주고, 심성이 고운 주위사람들을 알게 되어서 너무 좋고, 작지만 수확한 농산물을

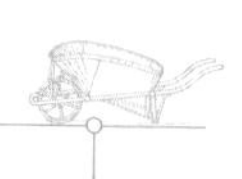

〈사진 29〉 풀이 무성하게 자라고 있는 옆집 텃밭

〈사진 30〉 잘 자라고 있는 상추, 쑥갓, 완두콩, 옥수수

이웃과 나누어 먹으니 더욱 좋습니다. 비록 주 1회, 월 1회를 주말농장 텃밭에 나가서 작물을 기르더라도 주말농장을 하지 않은 사람에 비해서는 너무나 많은 이득을 얻고 즐거운 삶을 살 수 있다고 자부합니다. 요즘 주5일제 근무에 따라 주말에 너무나 많은 일들이 우리를 기다고 있는 것은 사실입니다. 황금같은 주말에 모든 즐거운 여가활동을 포기하면서 농사를 짓는다는 것은 쉽지 않은 일입니다.

전업 농업인과 도시농부의 여러 가지 다른 점 중 한 가지는 농업인은 매일매일 가꾸는 일이 본업이겠지만 도시농부는 주 1회, 월 1회 등 비정기적으로 텃밭의 작물을 가꾸는 '건달농부'라는 것입니다.

2) 생계수단 VS 취미활동

두 번째는 생계수단과 취미활동입니다. 이 말은 두말할 필요 없지만 농업인들에게는 생계수단이다 보니 어느 정도의 규모를 갖고 영농하는 내용을 보면 도시농업인과는 확연히 차이가 납니다. 이에 반하여 도시농업인들은 단순한 취미생활에 가까우며, 농사일을 생계로 생각하지 않습니다. 그래서 애착도 적고 텃밭의 작물을 관리하는 데도 많은 신경을 쓰지 않는 것도 사실입니다. 그 단적인 예로 주말농장을 시작하는 3월과 4월에는 모두들 정말 열심히 텃밭의 작물을 가꿉니다. 하지만 두세 달이 지나면 텃밭에 풀이 우거지던지 작물이 심어져 잘 자라고 있던지 둘 중에 하나의 모습으로 나타납니다. 시간적으로 여유가 없어서 주말농장에 들르지 못하는 사람의 텃밭에는 잡초 관리가 되지 않아서 풀이 무성하게 자라 있습니다. 잡초가 많아짐에 작물은 제대로 살

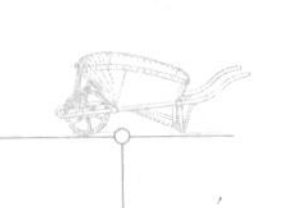

지 못하고 말지요. 가끔 주말농장이 생각나서 텃밭에 왔더라도 그 많은 잡초를 제거하기는 쉽지 않을뿐더러 많은 시간과 노동력이 필요하니 그냥 포기하여 그대로 방치하게 되는 경우가 많습니다. 그래서 그 이후로는 주말농장 텃밭은 잡초밭이 되고 맙니다. 그렇다고 옆집의 주말농장 주인이 그 잡초 밭의 풀을 뽑고 작물을 심을 수도 없습니다. 괜히 나중에 본래의 주말농장 주인이 나타나면 난처하게 됩니다. 그래서 그냥 자기 밭 이외에는 관심을 주지도 않고 신경을 쓰지도 않습니다. 그저 "아이고 저 무성한 잡초 좀 봐라" 하면서 안타까워할 뿐입니다.

하지만 실제 농업인들은 밭의 작물을 정성들여 재배하지 않으면 수확량이 적어지기 때문에 온갖 정성과 심혈을 기울여서 작물을 재배하고 수확하고나면 바로 이어서 또 다른 작물을 심고 주어진 계절에 최대한 많은 농작물을 생산하기 위해서 시스템적으로 최대한 밭(토지)을 활용하여 소득을 높이곤 합니다.

일반적으로 주말농장을 시작하는 사람들을 살펴보면, 대체로 어린 시절을 시골에서 보낸 사람들이 많습니다. 시골에서 나서 자란 사람들은 그 옛날의 향수가 있어 주말농장을 많이 합니다. 반면에 시골에서 어린 시절을 보내지 않고 도시에서 자란 사람들은 주말농장의 이로움과 즐거움을 느끼는 정도가 작아 처음엔 호기심에 참여하였더라도 오래가지 않는 경우를 많이 봐왔습니다. 처음엔 뜻이 있어 주말농장에 참여했다가도 중도에 쉽게 포기하는 사람이 많다는 것이죠. 그리고 농작물에 대한 애착이 적을수록 주말농장 참여도는 낮습니다.

텃밭에 농작물을 심어 가꾸는 일이 생계수단이 아닐지라도 한 번 정도는 참여해보면 좋은 경험이 됩니다. 바로 텃밭 마련이 여의치 않을 경우에는 베란다의 화분을 이용해 상추나 농작물을 키우는 것도 좋은 방법이라고 생각이 됩니다. 물론 전혀 관심이 없다면 어쩔 수 없는 일입니다.

3) 농사 도구(호미, 낫 VS 카메라, SNS 등)

저는 주말농장에 갈 때면 항상 낫이나 호미보다도 스마트폰을 꼭 챙겨 갑니다. 텃밭에서 작물이 자라는 모습을 찍어서 SNS에 올림으로써 자랑도 하고, 나와 같은 주말농장이나 농업을 하는 선배님들로부터 자문도 얻기 위해서 작물의 상태를 찍어서 올리는 경향이 많습니다. 이처럼 텃밭에 가서 일은 안 하고 사진만 찍어 올린다고 집사람으로부터 불평의 소리를 항상 듣습니다. 하지만 이 시간이 지나면 내가 키운 작물의 모습을 볼 수가 없고 작물의 생육상태를 간직할 수 없어서 순간순간의 모습을 사진에 담아 보관하려는 것인데 이런 깊은 뜻을 몰라줍니다. 그리고 집사람의 한마디, "당신은 가식적으로 농사를 짓는 사람"이라고 일침을 가할 때면 나도 모르게 서운한 감정과 불만이 들어 입이 삐죽 튀어나오곤 합니다. 이처럼 수시로 사진을 찍는 것은 다른 경우에서도 많이 볼 수 있습니다. 요즘 맛있는 음식을 먹을 때나 정말 아름다운 풍경을 볼 때면 너나 할 것 없이 스마트폰의 카메라를 들이댑니다. 사진 찍기가 하나의 의식이 되어 버린 지 오래입니다.

주말농장의 면적은 그리 크지는 않습니다. 잡초를 뽑을 때도 많지가 않아서 굳이 호미를 사용하지 않고도 손으로 뽑아도 짧은 시간에 작업을 마칠 수 있습니다. 더군다나 땅을 갈기 위해 경운기를 사용할 필요도 없고, 삽을 이용

도시에서 농사짓기

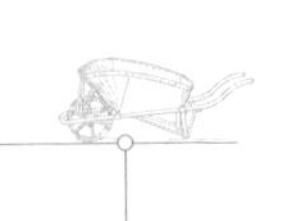

〈사진 31〉 밭에 물을 주기 위해 준비된 대형 물통

〈사진 32〉 주말농장 텃밭에 피어나는 목화솜

〈사진 33〉 주말농장 필수품인 호미와 물조리

할 때도 있지만 삽도 없을 때에는 호미로 그냥 간단히 땅을 파고 작물의 모종을 심으면 끝입니다. 이렇게 간단하게 텃밭을 관리하다 보니 농사 도구가 없이 주말농장을 관리하는 것이 충분합니다. 그래서 주말농사를 짓는 사람 중에는

60

농기구를 구입하지 않고 농사를 짓는 사람도 있으며, 주위의 사람들에게 빌려 쓰거나, 주말농장에 농기구가 비치되어 있어서 이것을 이용하는 사람들도 많습니다. 막상 농기구를 구입하면 활용도가 낮고 보관하기도 힘들기에 농기구를 구입하지 않고 텃밭을 가꾸는 경우가 많습니다. 그래도 가장 필수적인 것을 두 가지만 고르라 하면 호미와 물조리일 것입니다. 좁은 텃밭면적을 관리하는 데 호미 하나만으로도 충분하기 때문이고 작물에게 가장 물을 줄 수 있는 물조리는 필수 중 필수라고 할 수 있습니다. 작물을 옮겨심거나 씨앗을 뿌린 후 물 주기는 주말농장의 텃밭 관리에 있어 큰 부분을 차지하고 있습니다.

4) 재배품목(주식량 VS 다품목, 관상용)

일반적으로 주말농장의 분양 면적을 살펴보면 5평인 곳도 있고, 어떤 곳은 10평인 곳도 있습니다. 일반적으로는 10평인 곳이 많습니다. 하지만 면적이 적다고 재배품목이 적다고 생각하면 잘못된 생각입니다. 주말농장을 짓는 사람들은 소량 다품목을 목적으로 재배합니다. 저 같은 경우에도 10평 남짓한 주말농장에 15~20여 품목을 심어서 재배하였습니다. 물론 심었던 작물이 모두 잘되는 건 아니어도 텃밭에 조그마한 공간만 생기면 그곳에 작물을 심어보는 것입니다. 주로 심었던 작물들은 상추, 토마토, 고추, 고구마, 감자, 배추, 대파, 땅콩, 들깨, 허브 등입니다.

한 번은 주말농장 텃밭에 일부러 심지는 않았는데 어디선가 씨가 날아와서 자란 봉숭아 꽃나무가 있었습니다. 봉숭아꽃나무는 거름을 먹고 무럭무럭 자라서 엄청 크게 자랐습니다. 그리고 봉숭아꽃나무 옆에다가는 둘째 딸내미

가 코스모스 씨앗을 뿌려서 함께 기르기도 하였습니다. 텃밭에서 채소가 아닌 꽃 종류인 코스모스와 봉숭아꽃나무는 둘째 딸내미의 사랑과 정성을 받으며 무럭무럭 잘 자랐습니다. 매번 주말농장에 가면 작물보다는 코스모스와 봉숭아꽃나무를 살펴보고 돌보는 것이 둘째 딸이 주말농장에 가는 목적이 되었습니다.

그러던 어느 날 주말농장에 갔는데 텃밭에 있던 코스모스가 뽑혀져 있는 것이 아니겠습니까? 뽑혀진 코스모스를 보면서 둘째 딸은 울음을 터트리고 말

〈사진 34〉 작물 배치된 텃밭 모습

있습니다. 그렇게 서글프게 우는 모습은 처음 보았습니다. 한참 주말농장에서 일을 하고 있는데 주말농장 주인되는 어른이 오시더니 우리에게 채소를 길러야지 코스모스 이런 것을 키우면 안 된다고 하시면서 코스모스가 있어서 당신이 뽑아버렸다고 하였습니다. 우리는 일부러 텃밭에서 기르는 것이라고 했지만 이미 시들시들해진 코스모스였습니다. 다행히 봉숭아꽃나무는 뽑지 않아서 이것은 딸내미가 기르고 있으니 제발 뽑지 말라고 신신당부를 하였습니다. 주인아저씨는 밭에 작물을 길러야지 이런 것을 기르면 안 된다고 하면서 못마땅한 표정을 지으시면서 가셨습니다. 실제 농업인에게는 채소 아니면 무조건 잡초인 것입니다. 그래서 밭에는 항상 채소, 즉 먹을 수 있는 것만 키워야 하는 것이죠. 하지만 도시농업인은 텃밭을 꼭 먹을 채소만을 기르지 않고 꽃을 심어 그것을 보는 것만으로도 즐거움이고 크나큰 가치를 두고 있는 것입니다.

이처럼 주말농장은 단순하게 작물을 재배하여 먹을 것만이 아니라 자기가 좋아하는 꽃이나 허브 등을 심어서 즐거움을 만끽할 수 있습니다. 실제 농업인의 입장에서 보면 정말 한심스럽고 이해가 안 될 것이라 생각이 들지만 말입니다.

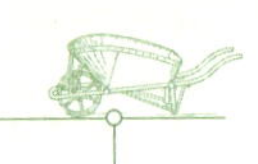

5) 작업시간대(새벽 VS 한낮)

일반적으로 농업인들의 작업시간은 한낮을 피해서 농사일을 합니다. 그래서 대체로 하우스재배를 하는 사람들이나 농업인들은 새벽에 일찍 일어나서 일을 하고 오전 11시부터 오후 3~4시까지는 휴식을 취하고 다시 늦은 오후에 농사일을 하는 것이 일반적입니다. 하지만 도시의 주말농장을 하는 사람들은 시간대가 특별하게 정해져 있지 않습니다. 주말에 한 번 텃밭을 가꾸는 것이기 때문에 특정한 시간대를 두지 않습니다. 특별한 일정이 주말에 있는 날이면 새벽 일찍 나가서 하는 경우도 있고, 주말 아침 일찍 일어날 수가 없을 경우에는 한낮인 11~12시에도 작업을 하는 경우가 많습니다. 대체로 직장을 다니면서 1주일 동안 근무를 하고 주말인 토요일이나 일요일에는 늦잠을 자는 것이 일반적이기 때문에 새벽에 일을 하는 것은 힘들다고 봅니다. 주말에 늦잠을 자고 9~10시에 일어나서 밥을 먹고 잠시 텃밭에 나가서 뜨거운 태양 아래 일을 하고 2~3시경에 늦은 점심을 먹고 들어오는 경우가 많습니다. 어떤 이는 바비큐 세트를 준비해 가서 텃밭에서 자라는 싱싱한 상추며 야채를 따서 삼겹살을 구워 먹는 재미를 가지기도 합니다. 실제로 주말농장에 가서 일은 1~2시간 하고 나무 아래의 그늘이나 쉼터인 원두막에서 삼겹살에 막걸리 한잔을 먹으면 신선이 따로 없습니다. 술을 먹었으니 술이 깰 때까지 낮잠을 청하는 것도 주말농장의 즐거움 중에 하나입니다.

효율적으로 주말농장을 하려면 될수록 집에서 가까운 곳에 주말농장을 얻는 것이 무엇보다 중요합니다. 집 근처에서 주말농장을 하면 아침에 일찍 일어나서 잠시 텃밭을 둘러보고 회사에 출근하거나 갑자기 텃밭이 생각나면 간단하게 호미와 물조리만 들고 걸어가 바로 주말농장 일을 하면 텃밭이 효율적으로 관리가 될 것입니다. 하지만 가까운 도심에 주말농장을 찾기란 쉽지 않습니다. 아파트에 살고 있는 요즘, 가까운 곳의 주말농장이 있을 리 만무하고, 걸어서 가기보다는 차를 끌고 가야만 하는 경우가 많습니다. 차를 타고 가려면 정말 큰맘을 먹어야 합니다. 주말농장에 가기 위해서 준비해야 할 것이 너무 많습니다. 땀에 젖으니 작업복으로 갈아입어야 하고, 호미나 물조리를 챙겨야 하고, 간식이나 먹을 것을 챙겨야 하고 짐이 한 꾸러미가 됩니다.

2013년 주말농장을 처음으로 할 때는 걸어서 15분, 자전거로 10분 내외로 걸리는 가까운 곳에 주말농장을 얻었습니다. 그래서 아침에 일찍 일어나서 물조리를 들고 자전거를 타고 가서 물을 주고 간단히 잡초를 뽑고 와서 씻고 출근을 하였습니다. 그런데 작년에는 당수동 시민농장에 주말농장을 분양받아서 텃밭을 지을 때는 자전거로 가기에는 조금은 멀고 길도 위험하여 항상 차로 다녔습니다. 차로 다니다 보니 큰맘을 먹어야 하고 한 번 가면 점심이나 저녁을 밖에서 사먹을 생각을 하고 가는 경우가 많았습니다. 주말농장에서 일을 하다 보면 식사시간을 지나는 경우가 많았으며 조금은 피곤하다보니 간단히 식당에서 점심이나 저녁을 먹은 경우가 잦았습니다. 물론 당수동 시민농장에는 수원시농업기술센터에서 운영하는 대규모의 주말농장 단지로서 급수시설과 쉴 수 있는 공간이 갖춰져 있어서 너무 좋았습니다. 특히 중간 중간에 원두막이 있어서 그곳에서 일한 뒤에 점심을 먹는 재미는 더욱 좋았습니다. 예전에 바비큐 할 곳이 없어서 베란다에서 하던 것을 드넓은 들판이 펼쳐진 원두막에서 하니 너무나 행복하고 즐거웠습니다.

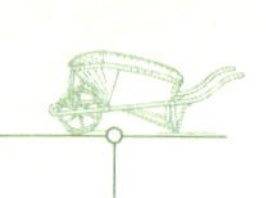

　한번은 논 놀이터 일과 주말농장 텃밭 일, 그리고 공동체 행사 등 너무너무 바쁜 나날을 보낼 때가 있었습니다. 시골에도 한 번 내려가서 농사일을 도와드려야 하는데 그냥 전화로만 안부를 묻고 만적이 많아졌습니다. 하루 내내 수원텃밭보급소에서 운영하는 논 학교에 가서 논두렁에 콩 심기와 모내기를 아침 10시부터 나가서 일을 하고 5시가 넘어서 끝내고 6시가 훌쩍 넘어 집에 도착했습니다. 그리고 저녁에 아파트의 알고 지내는 가족들과 저녁밥을 먹고 나니 8시가 넘었습니다. 당수동 텃밭에 가보지 않아서 상추가 너무나 자랐을 것 같고, 밭에 잡초가 무성하게 되어 사람의 손길을 필요로 할 거라는 생각이 들었습니다. 그래서 일단 텃밭에 가서 상추라도 뜯고, 잘 보이지는 않지만 잡초를 뽑아 줄 필요가 있어서 집사람과 아이들 모두 주말농장으로 갔습니다. 그런데 날이 너무 어두워져서 앞이 하나도 보이지 않았습니다. 그래서 자동차의 헤드라이트를 켜서 상추 잎을 뜯고, 잡초를 대충 매고 집으로 돌아오니 9시가 넘었습니다. 그리고 씻고 하루 일과를 정리하고 나니 새벽 1시가 되었습니다. 이처럼 도시에서 농부로 산다는 것은 보통 일이 아니구나 하고 느꼈으며, 더군다나 농사일에 아직 요령이 없어서 힘이 많이 들어 몸이 고단합니다.

6) 한 시간 일하고 세 시간 놀기

　사실 10평 남짓 되는 텃밭을 관리하는 데 그리 많은 시간이 걸리는 것은 아닙니다. 처음에 거름 뿌리고 땅을 파서 뒤집을 때 빼고는 나머지는 조금씩 풀을 뽑아주고, 물을 주는 관리와 수확만 하면 됩니다. 하지만 1주일 이상 주말농장에 가는 것을 거르게 되면 바로 표시가 납니다. 작물보다 더 무성하게 자

〈사진 36〉 주말농장 옆의 흙무더기에서 놀고 있는 아이들

란 잡초를 뽑는 일이 여간 힘든 일이 아니고 친환경 재배방식으로 작물을 키우다 보니 벌레를 찾아 잡아주는 일이 또한 큰일 중에 하나입니다. 그리고 정성스레 키운 작물을 수확하는 일, 특히 상추 같은 경우에는 매일매일 잎을 따줘야 하는데 그렇지 못하고 주마다 가면 너무 커서 맛이 떨어지는 경우가 있습니다. 상추 때문에 일부러 2~3일 만에 가서 상추 잎을 따오는 경우도 많습니다. 그래도 실제로 일하는 시간을 따져보면 1시간 남짓일 것입니다. 1시간 정도 일을 하고 급한 일이 있으면 바로 집으로 오는 경우가 많지만 그렇지 않은 경우에는 주위 사람들과 이야기도 나누고, 원두막에서 맛있는 음식을 먹으며 여유롭게 주말을 보내고 오는 경우가 많습니다. 특히 규모가 작은 주말농장인

67

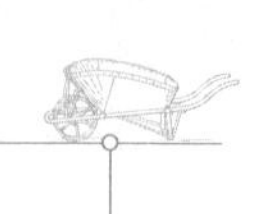

〈사진 37〉 주말농장 옆의 나무에 오르고 있는 작은딸

경우에는 주위 사람들과 바비큐나 막걸리를 마시며 서로의 농법에 대해 의견을 나누며 시간을 보내는 경우가 더 많습니다. 옆집 텃밭 사람과 이야기를 나누다 보면 자기 텃밭에서 수확한 농산물을 서로 나누게 되는데, 그것 또한 삭막한 도시생활 속에 정이 오고가는 모습이라 할 수 있습니다. 우리가 마트에서 상추 한 다발을 사면 그것을 이웃에게 선뜻 줄 맘이 생기지 않습니다. 하지만 텃밭에서 수확한 상추가 넉넉하다 싶으면 선뜻 한 줌을 나누면서 이웃 간의 정을 나누기도 합니다.

그러나 주말농장을 하면서 때로는 귀찮고 안타까운 때도 있습니다. 주말에 가까운데 여행이라도 가는 경우나 특별한 일정이 생기기도 하는데 그럴 때마다 장기간 텃밭을 관리하지 못하게 되는 게 맘에 걸리곤 합니다. 주말농장에 한 주 못가고 다음 주에 가면 금방 티가 나거든요. 또 한 주 빠지고 또 한 주 넘기다 보면 텃밭은 잡초가 무성하게 되는데 그 잡초를 잡지 못하면 그냥 방치하게 되는 것이죠. 그러다가 주말농장 활동을 그만두고 쉽게 포기하는 경우도 많거든요.

7) 생태똥간 거름 만들기(비료 농약 사용 VS 자연 거름)

주말농장은 농약이나 화학비료를 사용하지 않는 친환경 재배방식으로 작물을 키웁니다. 경우에 따라서 거름을 주지 않고 재배하기도 하지만 좋은 농산물을 생산하려면 거름을 많이 줘야 합니다. 그렇다고 마냥 시중에서 팔고 있는 거름을 사서 쓸 수는 없고 가장 좋은 방법 중에 하나가 소변액비를 만들어 사용하는 것입니다. 소변액비를 만들기 위해선 조금은 불편함이 있습니다. 우선 집의 화장실에 페트병을 변기 옆에 비치해 두어야 합니다. 물론 여자인 경우에는 별도 용기를 사용하여 소변을 모을 수 있지만 우리 집은 남자인 저만 소변을 모았습니다. 낮에는 회사에 가서 소변을 모을 수는 없고 아침저녁으로 모으는 것도 1주일이면 꽤 많은 양을 모을 수 있었습니다. 모아진 소변액비는 주말농장 텃밭의 한쪽에 1주일 정도 놓아 발효를 시킨 후 물과 희석하여 작물에 뿌려주면 됩니다. 조금은 이상한 생각이 들지도 모르겠지만 그래도 도시인들이 만들 수 있는 최선의 거름인 것입니다.

다른 한 가지는 음식물 쓰레기를 이용하여 거름을 만들어 사용하는 방법인데 매일매일 나오는 음식물 쓰레기를 모아서 주말농장의 텃밭 한쪽 구석진 곳

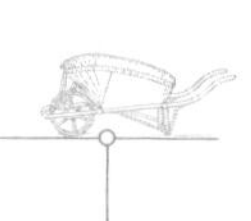

에 땅을 파고 그곳에 모아서 발효를 시켜 사용합니다. 처음에는 물기가 너무 많고 냄새가 나지만 음식 쓰레기 위에 왕겨나 낙엽 등을 섞어서 쌓은 뒤에 발효를 시켜서 거름으로 사용하면 됩니다. 소변액비보다는 시일이 조금 더 걸리는 것이 흠이지만 그래도 음식물 쓰레기 처리 비용을 절약하니 일석이조입니다.

칠보산 도토리시민농장에서는 생태똥집을 만들어서 거름을 만들어 쓰고 있으나 그런 화장실에 익숙하지 않은 도시 사람들이 이용하기에는 조금 부담이 됩니다. 아주 급한 경우를 제외하곤 생태똥집 화장실을 이용하지를 않게 되거든요. 특히, 여름철에 생태똥집을 이용하는 것은 냄새 때문에 크나큰 곤욕입니다.

〈사진 38〉 소변 액비와 음식찌꺼기 발효

3. 공동체를 통한 도시농업 참여하기

1) 함께 준비하는 사람들

도시에서 농사를 지으려면 쉽지가 않습니다. 먼저 땅도 없고요, 도시생활에 기다 보면 시간 내어 농사를 짓는다는 것은 엄두도 나지 않습니다. 하지만 최근에는 도시농업의 활성화를 위해서 농림축산식품부나 각 지자체에서 많은 관심을 갖고 지원을 해주고 있습니다. 특히 농업기술센터를 중심으로 빈 공터나 자투리땅을 이용하여 도시민에게 텃밭을 보급하는 사업을 많이 하고 있습니다. 그리고 도시민들에게 농사짓는 방법을 체계적으로 알려주는 '도시농부학교' 농사짓는 체험프로그램을 많이 운영하고 있으며 이러한 프로그램에 참여하면 도시에서도 손쉽게 농사를 지을 수 있는 기회가 주어집니다.

저의 경우를 소개하자면, 일반 농업인이 운영하는 주말농장을 임대하여 경작하다가 지난해 2014년도에는 수원시농업기술센터에서 운영하는 당수동 시민농장에서 집사람이 '도시농부학교'를 수강하였고, 저는 수원시 텃밭보급소와 한살림수원지부에서 운영하는 '논 학교' 프로그램에 참여하면서 좀 더 체계적으로 도시에서 농사를 지을 수 있었습니다. 도시농부학교에서는 주말 농사를 지을 수 있도록 작물의 체계적인 관리와 텃밭 관리에 대해서 이론 교육과 실습을 동시에 진행하는데 약 5평 규모의 텃밭을 제공하여 그곳에서 이론으로 배운 내용을 실습할 수 있도록 하는 프로그램으로 정말 유익합니다. 논 학교 경우에는 실제로 광교산 근처의 문암골에 1,500여 평의 논을 임대하여 실제로 논농사를 지으며 벼의 생육과정과 논농사에 대해서 체계적으로 배

울 수 있었습니다. 덕분에 주말에는 논농사와 밭농사에 정말 바쁜 한 해를 보
낼 수 있었으며 수확의 계절인 가을에는 양은 많지 않지만 내가 직접 심고 가
꾼 농산물을 수확할 수 있어 그 어느 해보다 풍성한 한 해였던 것 같습니다.

〈사진 39〉 당수동 시민농장의 전경

〈사진 40〉 당수동 시민농장의 행복텃밭

2) 공동체로 농사짓기

도시에서 농사를 시작할 때 우선 가장 쉽게 접근할 수 있는 부분이 공동체로 뜻 있는 여러 사람이 함께 모여서 농사를 짓는 것이라고 할 수 있습니다. 이렇듯 여러 사람이 모여서 공동으로 농사짓기에 참여를 원한다면 조금은 지역 공동체에 관심을 갖는 것이 좋습니다. 대체로 특수한 목적을 위해서 마을이나 지역의 공동체 조직을 구성하여 활동하고 있는 단체가 많습니다. 나는 칠보산마을만들기라는 단체인 칠보문화 놀이터를 접하게 되었고, 여러 가지 행사에 참여를 하다 보니 자연스럽게 농업에 관심이 많은 내가 농업 분야를 자연스럽게 접목하여 사업 범위를 넓히자고 제안을 하게 되었습니다. 농업을 통한 지역주민의 공동체 의식을 넓히고 함께 어우러져 살아가는데 좋은 테마가 될 수 있었기 때문입니다.

그래서 칠보산마을연구소에서 회원들이 모여서 함께 텃밭을 가꾸는 계획을 하고 회원을 모집하여 운영하게 되었습니다. 그리고 논농사를 주제로 어린이들에게 농사 체험을 통하여 자연스럽게 벼 생육과정을 이해하고 농업의 소중함을 전달할 목적으로 논 놀이터를 운영하게 되었습니다. 논 놀이터 체험을 통하여 또 하나 얻을 수 있었던 것은 도시민들이 서로 만나서 이야기하고 서로를 알아가는 소통의 장이 되었다는 것입니다.

사실 논농사에서 대해서는 예전에 어린 시절에 부모님 농사를 도와준 것이 전부여서 실제 이론과 벼 생육상태나 재배방법을 좀 더 깊게 알고 싶어서 논학교에 입학하여 논농사를 체계적으로 배우고 활동할 수 있었습니다.

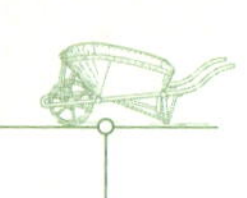

(1) 공동텃밭 운영(맑음터)

칠보산 도토리시민농장에서 약 30여 평의 텃밭을 임대하여 '맑음터'라 이름을 짓고 공동으로 텃밭을 가꾸고, 맑음터나 주변에서 나오는 농산물을 이용하여 특별한 요리를 만들어 음식을 나누며 서로간의 소통을 할 수 있는 프로그램입니다.

꽃밥상의 운영은 년 6회의 행사를 실시하며, 공동으로 맑음터 텃밭을 운영하였습니다. 처음에는 많은 회원들이 참여하여 잡초로 뒤덮인 험난한 텃밭을 깔끔하게 정리하여 작물을 심을 것은 구획하고 차근차근 텃밭을 가꾸었습니다. 텃밭에는 국화, 다양한 허브, 들깨, 배추, 상추, 여주, 오이 등 다양한 작물을 심고 가꾸었습니다. 맑음터 회원 총 6명이 참여하였으나 실제로 가족이 동반되고 운영진이 포함되어서 매회 10여 명 이상이 행사를 진행하였습니다.

〈사진 41〉 완성된 완성된 맑음터 걸개그림 '칠보 꽃 밥상'

<사진 42> 공동텃밭을 가꾸기 위해 땅 파기

　칠보산마을연구소에서 이 텃밭을 빌려서 공동체로 작업을 하는 곳이고 이곳에서 생산된 재료를 갖고 여러 가지 음식을 만들어서 이용하는 로컬 푸드의 전진기지로 삼고 싶었습니다. 그 첫 번째 행사가 오늘 추진되었으며 이곳에서 걸개그림 작업과 근처에서 많은 쑥을 캐서 부침개를 만들어 먹었습니다. 정말 맛있었는데 아이들은 그다지 좋아하질 않는 것 같았습니다.

(2) 논농사 체험(논 놀이터)

　논 놀이터는 쌀의 생산과정과 자연의 소중함을 일깨우기 위한 어린이들의 체험 프로그램으로 1년 동안 논농사를 통하여 자연스럽게 벼의 생육과정과 논농사의 고됨을 손수 체험하여 농업인의 고마움을 조금이나마 느낄 수 있게 하기 위해서 논 놀이터를 계획하여 추진하게 되었습니다. 우선 칠보산의 자목

마을 인근에 논을 빌려서 못자리, 모내기, 김매기, 벼 베기, 도정하기, 쌀밥 먹기 등 쌀이 만들어지는 전 과정을 몸소 체험할 수 있도록 프로그램을 짜서 운영하였습니다.

총 7회의 논 놀이 체험 프로그램과 사진 콘테스트, 브랜드 만들기 등 이벤트들도 함께 진행하여 '칠보산마을쌀'이라는 브랜드도 만들었습니다.

총 참여 회원은 25가족으로 회원의 가족까지 60~70여 명이 참석하여 대성황을 이루었으며, 고된 노동의 현장인 논에서 실제 논농사 체험을 통하여 농사의 고된 노동 외에도 벼농사의 재배과정 습득, 콩 구워 먹기, 둠벙 만들기, 미꾸라지 잡기 등 다양한 체험을 하여 즐거움을 느낄 수 있는 뜻 깊은 프로그램이었습니다. 마지막으로 우리가 모내기하고 김매고 수확한 쌀밥 먹기 행사는 이색적이고 의미 있는 경험이라 할 수 있었습니다.

〈사진 43〉 모내기 후의 칠보 논 놀이터 모습

'칠보 논 놀이터' 회원모집

"엄마, 아빠아~ 논에서 노~올~자~아~"

칠보 논 놀이터는 2003년부터 시작한 칠보산도토리교실의 '두꺼비논'을 확대하는 데 의의를 둡니다. 다양한 논 생명들이 함께 살아가는 모습을 통해 생태를 이해합니다. 친환경 농사를 지으며 고단했을 농부의 심경과 수확의 기쁨을 간접 경험함으로써 논의 소중함을 배웁니다. 또한 자연마을 어르신들과 생활하며 마을공동체 회복에 기여하는 장소를 만들어 갑니다.

- 기 간: 2014년 4월~2014년 12월 주말
- 대 상: 금호동 거주 동민 누구나(가족 환영), 30가족
- 참가비: 연회비 1가족 60,000원
- 장 소: 자목마을 경로당 앞 논 400평
- 내 용: 모내기, 메뚜기 잡기, 벼 베기, 떡잔치 체험 프로그램 운영QR코드를 통한
  이력정보 제공(SNS병행), 벼 화분 만들기, 수확 후 쌀 나누기
- 신 청: 논 놀이터 지기, 칠보산마을연구소
- 주 최: 칠보산마을연구소

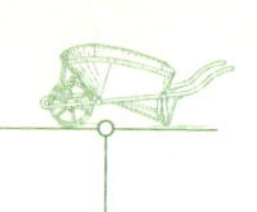

■ 일 정

회차	일자	체험내용
1	4/20(일) 15시	농부가 되어보세 "오리엔테이션"/못자리 만들기
2	5/24(토) 10시	아빠와 손모를 "모내기"/투모/벼분재
3	6/15(일) 15시	우리 논에 사는 아이들 "논 생태"/콩 심기/원두막 짓기
4	7/13(일) 15시	찰나를 잡다 "벼꽃", 김매기/우렁이 잡기
5	9/20(토) 10시	벼 파수꾼 "허수아비" 만들기
6	10/25(토) 10시	콩 서리(구워 먹기)
7	11/8(토) 10시	벼 베기/타작(드럼통, 홀테, 발로 밟기 등)
8	12/6(토) 10시	내가 만든 꿀떡 "벼 도정" 체험(제빈정미소, 떡 만들기)
9	〈이벤트 1〉	나도 농부다 "사진 뽐내기"
10	〈이벤트 2〉	개구리 소리를 들으며 "원두막에서 하룻밤"
11	〈이벤트 3〉	화분용 벼 재배관리 체험

* 일정 및 내용은 벼 생육일정에 따라 변경될 수 있음.
* 회원 가족은 무료이며, 비회원 1회 참여 시 가족 당 1만 원 체험비 부담

(3) 논농사를 배우자(논 학교)

논 놀이터 프로그램을 운영하기 위해서는 너무 벼농사에 대해서 아는 지식이 부족해 벼 재배와 관련한 것들을 배울 필요가 있었습니다. 그래서 한살림 수원지부와 수원텃밭보급소에서 운영하는 논 학교에 등록하여 논농사에 대해서 재배이론과 실제 실습을 통하여 많은 지식 습득과 체험을 할 수 있었습니다. 약 1,500평이나 되는 논에서 그 옛날의 전통방식으로 벼농사를 짓는 것은 정말 힘들었습니다. 특히 모내기 전후의 김매기가 힘들었습니다. 논을 갈아엎는 경운을 전혀 하지 않고 모내기를 하였기에 모내기 전에 무성한 잡초를 직접 손을 뽑아내는 일은 정말이지 가장 고된 작업이었습니다. 그리고 벼를 수확하고 나서 콤바인이 아닌 직접 발로 밟아서 벼를 탈곡하는 작업 또한 힘들었습니다. 하지만 여러 사람들이 모여서 함께 고민하고 벼농사를 지으면서 많은 것을 배우고 즐거움을 느끼는 한 해였습니다.

〈사진 44〉 논 학교 입학식 및 첫 번째 이론교육

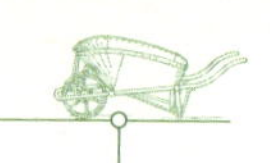

〈문암골 논 학교 프로그램 일정표 예시〉

세부 교육내용

	날자	학교내용	장소
1	3/16일 15시	입학식/OT/논농사 이론 1	한살림경기남부생협 수원지부
2	3/30일 15시	논농사 이론 2	당수동시민농장
3	4/13일 15시	볍씨 소독 및 육묘	광교 문암골 논
4	4/27일 15시	무논직파/연 심기	〃
5	5/11일 15시	김매기	〃
6	5/25일 15시	논두렁 콩 심기/모내기	〃
7	6/15일 15시	모내기	〃
8	6/29일 15시	옮겨심기	〃
9	7/13일 15시	김매기	〃
10	7/27일 15시	김매기/연꽃차 만들기	〃
11	9/14일 15시	연잎차 만들기, 연잎수확	〃
12	9/28일 15시	논습지생태	〃
13	10/12일 15시	벼 베기	〃
14	10/26일 15시	연근 수확/콩 수확	〃
15	11/16일	졸업식	한살림경기남부생협 수원지부

* 일정 및 내용은 농사과정에 따라 변동 또는 추가될 수 있습니다.
* 8월은 논농사 관련 견학 예정–별도비용
주관: 한살림경기남부생협 수원지부/수원텃밭보급소

3) 맛있는 음식 만들기

개인적으로 주말농장을 혼자 짓는 것보다는 여럿이 함께 짓는 것도 더욱더 많은 재미를 더해주는 것 같습니다. 예전에 개인으로 주말농장을 분양받아서 텃밭을 가꿀 때는 내가 필요한 작업만 하고 바로 돌아오곤 하였는데 함께 공동텃밭을 이용하여 농사를 지을 때는 서로를 알아가고 함께 하면서 즐거움이 매우 컸습니다.

　실제로 칠보산마을연구소에서는 칠보산 도토리시민농장에 30여 평의 주말농장을 분양받아서 텃밭을 공동으로 경작하고 텃밭에서 나온 농산물을 이용하여 맛있는 요리를 만들어서 서로 나누어 먹으면서 즐거운 시간을 보내는 '꽃밥상'이라는 프로그램을 운영하였습니다. 꽃밥상 프로그램의 공동텃밭은 '맑음터'로 이름을 명명하였고 맑음터 대표 관리자가 제 집사람인 맑음이어서 텃밭의 작업이며 관리는 고스란히 저의 몫이 되었습니다. 물론 회원들이 매주 한 번씩 참여해서 활동은 하지만 그래도 체계적인 관리는 필요한 것이죠. 그래서 집사람이 맑음터에 작업을 하러 갈 때는 안 간다고 할 수도 없고 시간이 되는 한 항상 함께 가서 텃밭을 가꾸었습니다.

〈사진 45〉 쑥 부침개와 막걸리 한잔 나눔

'꽃밥상' 프로그램을 한두 개 소개하자면 다음과 같습니다. 월 1회 이상 맑음터에서 생산되는 농산물을 이용하여 음식을 만들고 그 음식을 나누어 먹으면서 서로를 알아가는 프로그램입니다.

주로 요리했던 음식들을 살펴보면 토마토 장아찌, 화전 등입니다. 토마토 장아찌 경우에는 맑음터에서 나질 않아서 인근 농가에서 덜 익은 토마토를 사다가 장아찌를 담았으며, 화전은 인근의 나물들을 뜯어서 전을 했고, 허브를 수확하여 허브샐러드를 만들어서 맛있게 먹으면서 즐거운 시간을 보냈습니다. 이렇게 맛있는 음식을 먹으면서 나의 고등학교 친구인 양봉지기를 20여 년 만에 만나는 뜻밖의 일이 벌어지기도 했습니다. 아마 이런 소통의 공간과 시간이 없었더라면 지금도 단순히 주말농장의 옆에서 텃밭을 가꾸고 있는 사람이라고 생각하고 지냈을 겁니다. 도시에서는 너무 사소한 사생활까지 꺼내는 것이 실례라고 생각하여 서로 깊이 알지 않으려고 무단히 노력하고 있지요. 하지만 서로 이야기를 하다보면 자연스럽게 친근감이 높아져서 서로에 대해서 깊이 이해하고 나중에는 소중한 인연으로 발전하는 것이 도시농업이 가진 또 하나의 장점일 것 같습니다.

4) 주민과 어우러짐(풍물 배우기, 문화 놀이터)

농업을 함에 있어서 떼려야 뗄 수 없는 것이 풍물(농악)이라는 생각이 듭니다. 예전 대학시절에 친구가 풍물패이었습니다. 수업이 끝나고 나면 운동장에 나가서 장구와 꽹과리를 열심히 치던 대학 때 친구가 생각이 납니다. 그 당시에는 그 꽹과리 소리가 시끄러워서 불만이 많았는데 나이가 들어서인가 언젠

〈사진 46〉 칠보농악 장구 배우기

〈사진 47〉 풍물패가 논둑길을 따라 논 놀이터로 이동

가부터 풍물이 배우고 싶었습니다. 그런 와중에 풍물강습을 해준다는 알림내용을 접하게 되었고 신청을 하였습니다. 풍물을 가르쳐주는 단체는 '칠보농악 전수회'이었습니다. 매주 화요일 저녁 7시부터 9시까지 2시간씩 가르쳐 주었는데 수강료는 처음에는 받지 않고 단지 회원회비 명목으로 2만 원씩 냈습니다. 약 3개월을 장구를 배웠는데 수업이 끝난 다음 연습을 꾸준히 해야 되는데 장구도 없고 직장생활에 쫓기다보니 매주 화요일 하루 하는 것이 전부였습니다. 실력이 늘 리 없었고 음악적 감각이 떨어지는 나는 수업을 따라가기가 힘들어서 3개월을 채운 후에 그만두게 되었습니다. 그런데 시간이 흘러서 지역마을신문을 보다가 풍물을 가르쳐 준다는 모집공고를 접하게 되었고 미련이 남아서 또 신청을 하여 배우게 되었습니다. 풍물을 가르쳐준 단체는 칠보농악이라는 풍물패로 역시 마을만들기를 중심으로 하는 지역공동체였습니다. 그래서 자연스럽게 지역공동체의 활동에도 관심을 갖게 되었고 마을만들기 활동에도 자연스럽게 참여를 하게 되었습니다.

농사를 지으면서 특히, 농사의 시작을 알리는 '시농제'나 모내기할 때 농악을 울리며 흥을 돋우는 데 농악만큼 좋은 것이 없습니다. 농악을 들으면 나도 모르게 흥이 나고 농사일의 피로가 싹 가시는 것 같았습니다. 역시 우리에겐 우리가락이 좋나 봅니다. 얼씨구~~~

5) 전통술 담그기

예전에 가정마다 가양주라고 하여서 집에서 술을 담아 먹은 곳이 많았습니다. 일제강점기에 집에서 술을 만드는 것을 금지하여 전통술의 맥이 끊어졌으나 요즘 들어서 몇몇의 단체나 동호회 회원들이 모여서 전통술을 빚는 단체가 많습니다. 그리고 각 지역마다 특별한 전통주를 담아서 소득을 높이는 사람들도 많이 늘어나게 되었습니다.

농사를 지으면서 많이 마셨던 술 중에 가장 많은 것이 막걸리입니다. 물론 몇 해 전 막걸리 붐이 일어서 그럴 수도 있지만 전통적으로 농사일과 막걸리는 어울리는 것 같습니다. 고된 농사일을 하면서 잠시 쉬는 시간에 논두렁에서 시원한 막걸리 한 사발을 들이키는 맛은 이루 말할 수 없이 좋습니다. 일반 술집에서 먹는 막걸리와 들판에서 먹는 막걸리 맛은 확연히 차이가 있습니다. 이런 맛있는 막걸리를 손수 만드는 것도 재미있는 공동체 작업 중 하나입니다.

우선 전통주를 빚기 위해서는 쌀과 누룩, 물이 필요합니다. 쌀의 종류에 따라서 술의 종류도 달라지겠지만 일반적으로 고두밥을 하여 누룩과 섞어서 항아리에 넣고 물을 부어서 발효를 시킨 다음에 술을 거른 후 마시면 됩니다. 빚은 술을 용수에 넣어 거른 맑은 술이 청주이며, 술의 지게미를 거르면"탁주" 탁주에 물을 희석하면 "막걸리"라고 합니다. 우리가 먹는 시중의 막걸리는 이와 같이 만들어지며 맛의 농도를 맞추기 위해서 첨가물을 넣는다고 합니다. 이렇게 술을 담아 먹다보니 이제는 시중의 막걸리를 먹는 횟수가 줄어들게 됩니다. 그렇다고 제가 술을 좋아하는 것은 아니지만 그래도 건강을 생각해서 술을 담가 먹는 것이 좋을 듯합니다. 물론 번거로움과 비용 면에서 시중의 술을 사먹는 것이 훨씬 저렴하다고 합니다.

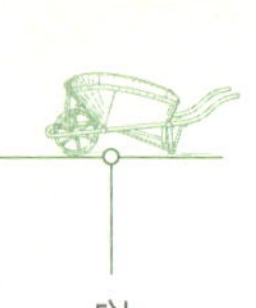

부의주 담그기

칠보산마을연구소에서 하는 부의주 담그기 체험에 참여하였다.

부의주는 술을 담가 놓으면 밥알이 개미처럼 둥둥 뜬다고 하여 부의주라고 하며 일명 동동주라고도 한다.

- 재료: 찹쌀 2.5말(20kg), 누룩 2.5되(1.25), 물 7.5되(13.5L)를 1:1:3 비율로 함.
- 필요한 도구: 화덕, 솥, 시루, 찜용 천, 발, 큰 대야, 술독, 무명천 2겹, 온도계, 나무주걱, 깨끗한 행주 등이 필요하다.

술이 만들어지는 기본 원리는 당(설탕, 꿀)+효모(이스트, 미생물)→발효하여 부산물로 알코올, 이산화탄소가 나오는데 이 알코올이 술인 것이다. 술 만들 때 중요한 포인트는 온도 맞추기이다. 온도가 40도 이상이면 효모가 사멸하기 때문에 온도관리가 매우 중요하다.

《술 만드는 법》
1. 고두밥 짓기 → 2. 고두밥 식히기 → 3. 배합(누룩+고두밥) → 4. 항아리에 넣기 →
5. 발효
발효의 적정 온도는 32~36도로 오르는데 걸리는 시간은 48시간 걸리며 이후 온도를 15도 전후로 낮춰서 온도 관리를 1달 정도 해줘야 한다.

〈사진 48〉 칠보농주 빚기 참석

〈사진 49〉 솥에 쌀 앉히기

〈사진 50〉 고두밥 짓기

〈사진 51〉 고두밥 식히기

6) 칠보 강강술래 전통놀이

칠보산마을에서는 10여 년 전부터 지역 공동체(10여 개)가 주축이 되어 매년 추석 전에 강강술래놀이 행사를 하고 있었다고 합니다. 올해는 칠보마을 연구에도 참여하기로 하고 그동안 풍물을 배워온 큰딸이 풍물패로 참석하였습니다. 저자도 풍물을 배우기는 했으나 도중에 그만두어 행사에는 중심이 아닌 주변인으로 참여를 하게 되었습니다.

행사는 L아파트 옆 상촌초등학교 운동장에서 거행하였습니다. 아파트 주변

〈사진 52〉 지역 공동체 깃발들

에서 풍물패의 길놀이를 시작으로 운동장에 많은 사람이 모여 손에 손을 잡고 원을 그리며 강강술래를 하였습니다. 무대 중앙에서는 소리꾼이 흥겨운 강강술래 노래를 불러주고 행사를 이끌어 가고 있었습니다.

행사 이후에는 준비해온 음식을 운동장 주변에서 자리를 잡고 나눠 먹었습니다.

난생처음 해보는 강강술래이었고, 이런 지역 문화가 있다는 것에 새삼 고마움을 갖는 하루였습니다.

〈사진 53〉 손에 손잡고 강강술래

도시농부 체험하기

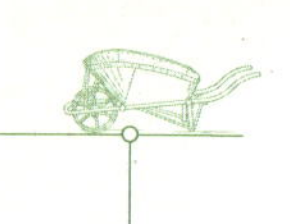

1. 주말농장에서 농사짓기

1년차 **주말농장** 체험

2012년 3월 12일

주말농장 시작하다

올해(2012년)에는 주말농장을 시작하기로 가족이 합의(?)를 하였습니다.

주말농장은 너무 멀지도 않고, 물 주기도 편하고, 규모(비용)도 크지 않은 것이면 좋겠다고 생각하고 집주변을 물색하였습니다. 지금 내가 살고 있는 곳은 수원시 금곡동의 칠보산이 있어, 가끔은 주말에 온가족이 칠보산에 오르곤 하였습니다. 칠보산을 가다보면 길가에 주말농장을 많이 하는데 집에서도 멀지 않아서 이곳이 좋겠다고 생각하고 주말농장 신청을 하였습니다.

1년에 10평이 10만 원인데 처음엔 10만 원이 조금 아깝다는 생각이 들었지

〈사진 1〉 이랑과 고랑 만들기

만 그래도 아이들도 좋아하고 집사람도 좋아해서 일단 10평을 분양받았습니다. 그날 저녁에는 온 가족이 모여서 주말농장에 무얼 심을까 고민하고, 어떻게 작물을 가꿀까 하며, 모두들 주말농장을 화제로 많은 이야기를 나누었습니다.

우선, 주말농장 텃밭에 심을 작물 품목이 정해졌습니다. 어른들은 상추, 고추, 가지, 오이, 토마토, 허브 등을 심었으면 하였고, 아이들은 오이, 토마토, 딸기, 고구마, 감자 등을 심기를 원했습니다. 비록 크지는 않지만 10평에 심을 품목들을 주말농장에 배치하고 작물을 심을 준비를 하였습니다.

텃밭은 다행히 초벌갈이를 텃밭 주인께서 해주셔서 거름만 뿌리고 심으면 되었습니다. 작물 관리가 편하도록 이랑과 두둑을 만들었습니다. 주말농장을

〈사진 2〉 모종 정식

분양받고 20일 만에 텃밭에 작물을 심을 준비를 하였습니다. 우선 가족회의에서 거론된 작물의 품목들을 구입하러 모종을 파는 인근의 화원에 갔습니다. 많은 종류의 모종들이 주인을 기다리고 있었습니다. 드디어 사온 모종들을 정식하였는데 텃밭에 심은 품종은 상추, 고추, 오이, 토마토, 가지, 딸기 등이었습니다.

모종으로 하다 보니 모종 값만 4만 원이 들어갔습니다. 앞으로는 될 수 있으면 씨를 뿌려서 재배해야 비용절감이 가능할 것 같습니다. 씨앗은 1포에 2,000원하는데 모종은 3주에 1,000~1,500원하여 너무 비쌉니다. 그래도 아직 농사짓는 방법을 모르는 도시농부에게는 모종이 안전하긴 합니다.

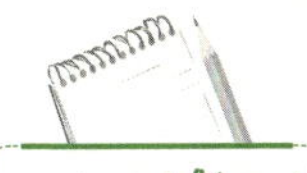

달팽이와 함께하는 주말농장

주말농장에 갔다가 달팽이 한 마리를 잡았습니다. 비 온 뒤라서 그런지 예전에 만났던 달팽이와 지렁이를 많이 볼 수 있었습니다. 달팽이를 잡아서 손바닥에 놓고 너무 좋아하는 둘째 딸을 보고 기쁩니다.

집에 가지고 간다는 것을 집에 가져가면 곧 죽으니 그냥 이곳에 놓아두고 가는 것이 좋겠다고 몇 번을 설득하였습니다. 자연을 좋아하는 아이들을 보니 제가 다 기분이 좋아집니다. 이 세상에서 가장 훌륭한 스승은 자연이 아닐까 싶습니다.

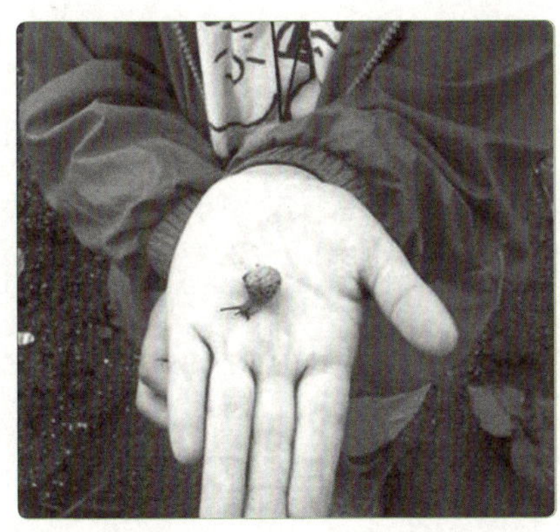

〈사진 3〉 손바닥 위의 달팽이

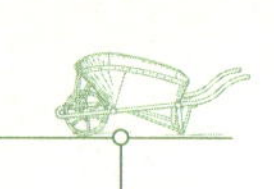

오이 지지대 세우기

주말농장에 토마토 모종을 정식한지 36일이 지났습니다.

텃밭에 작물들이 정말 잘 자라고 있습니다. 아이들과 함께 온가족이 주말농장 텃밭에 가서 물주고 잡초 뽑아주는 일이 이제는 점점 익숙하게 자리를 잡아가고 있습니다.

아이들은 텃밭에 가면 작물 가꾸기보다는 흙장난 놀이에 여념이 없습니다. 그날 해야 할 작업량과는 상관없이 말입니다. 그래서 맨날 빨래하기 싫다고 집사람이 투덜대네요.

대추토마토가 너무 탐스럽게 열렸습니다. 그리고 오이의 줄기가 점점 커가서 줄기가 올라갈 수 있도록 지지대를 세워주었습니다. 꼭 집을 짓고 있는 것 같았습니다. 기둥은 돈을 주고 사지 않고 주위에 있는 나뭇가지나 경비실 아저씨에게 얻어서 가져온 파이프를 재활용하다 보니 모양이 가관입니다.

지지대에 필요한 끈 또한 사지 않고 마트에서 둘둘 말아서 가져온 것을 사용하였습니다. 아무런 장비 없이 자재도 구입하지 않고 있는 것을 재활용하는 것이 도시농부의 모습입니다.

〈사진 4〉 탐스러운 대추토마토

〈사진 5〉 오이에 지지대 설치

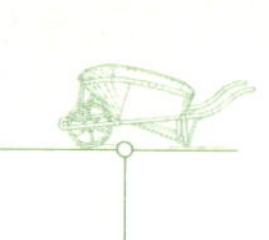

주말농장 간판 달기

지난 3월말에 주말농장을 임차하면서 아이들에게 주말농장 이름을 지으라고 숙제를 내주었는데 두 달이 지난 6월 초에서야 '달팽이농장'이라고 이름을 지었습니다.

달팽이처럼 느리지만 농약을 치지 않아서 친환경 의미를 갖는 이름이라고 하네요. 아이들에게 숙제 내준지가 꽤 되었는데 이제야 지었습니다.

요즘은 아이들이 너무 바쁘네요. 그래도 가끔 주말농장에 가서 재미있게 놀면서 작물 기르는 데 재미를 붙이고, 꽃이 피고 열매가 맺히고 하는 것을 특별한 설명 없이 이해하는 것에 만족합니다. 아이들은 주말농장 텃밭에서 작물이 자라는 모습을 지켜보면서 자연스럽게 작물의 생육과정을 이해하며, 자연을 배울 수 있습니다. 누가 가르쳐 주지 않고 외우라고 강요하지 않아도 말입니다.

〈사진 6〉 주말농장 이름 붙이기 '달팽이 농장'

주말농장에서 오이 첫 수확

텃밭에서 오이를 직접 따먹어본 적이 있으신가요?

내가 직접 기른 오이를 따먹는 재미는 이루 말할 수 없이 맛있습니다. ㅎㅎㅎ

아이들은 직접 심고 가꾸어 수확한 오이를 보면서 더욱 좋아합니다. 그동안 오이나 채소가 마트에만 있는 줄 알았는데 이런 텃밭에서 생산되어 마트로 옮겨져서 소비자가 구매하여 먹는구나 하고 몸소 느끼지 않나 싶네요.

그리고 일을 하다보면 배가 고프고, 목도 마른데 이럴 때 오이 하나를 따서 옷에 쓱쓱 문질러서 한입 베어 물면 정말 맛있습니다. 아마도 그래서 농촌 체험이 요즘 성행하고, 발전하였나 봅니다. 딸기따기 체험, 치즈만들기 체험, 감자캐기 체험 등은 요즘 아이들에게 인기 있는 놀이체험문화입니다.

〈사진 7〉 첫 오이를 따서 기뻐하는 두 딸들

〈사진 8〉 직접 딴 오이를 아삭아삭 먹는 모습

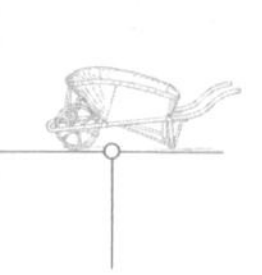

2012년 6월 8일

옆집 채소가 더 잘 자라요

주말농장을 하게 되니 알게 모르게 옆의 텃밭과 선의의 경쟁을 하는 것 같습니다.

제가 재배하고 있는 주말농장에는 약 30개의 주말농장 번호가 매겨져 있는데 각각 원하는 작물을 골라서 재배를 하고 있습니다. 주말농장을 하는 주인에 따라서 재배하는 작물의 종류도 다르고, 재배방법도 천차만별입니다. 우리같이 여러 품목을 심는 사람도 있고, 고추만 단품목을 심는 사람도 있고, 감자만 심는 사람도 있습니다. 정말 주말농장을 하는 주인 각자의 취향에 맞게 심오한(?) 사명을 갖고 텃밭을 운영하고 있습니다. 간혹 주말농장을 하면서도 병충해에 약한 고추나, 배추를 재배할 때에 농약을 뿌리는 사람도 있었습니다. 우리 텃밭으로 농약이 날아 올까봐 노심초사하면서도 왜뿌리냐고 말 한 마디 못하고 그냥 끙끙 속앓이만 합니다. 하지만 넓지 않고 작물 수량도 좋으니 무농약, 무화학비료로 재배하는 것도 정말 좋은데요. 작은 욕심에 농약을 하는 행동을 하는 것 같습니다.

여러 사람이 텃밭에서 작물을 재배하다 보니 알게 모르게 옆집 텃밭과 비교가 되더라고요. 옆집의 상추는 실하게 잘 자라고 있는데 우리집 것은 왜 이렇지. 아침 일찍 일어나서 농장에 물을 주러 가면 옆집에는 벌써 물을 주는 곳이 있는가 하면, 밭에 풀이 많은 사람, 여러 가지 품목을 질서 있게 잘 가꾸고 있는 사람 등등 여러 가지 다양한 것을 비교할 수 있습니다.

〈사진 9〉 우리 주말농장 작물 및 텃밭

〈사진 10〉 옆집 주말농장 작물 및
텃밭의 질서 정연한 밭(꽉찬 모습)

가끔은 주말농장 하는 횟수가 늘어나면서 초보자를 위해서 그동안의 경험을 살려서 여러 가지 코치를 해줍니다. 이것은 요렇고 저것은 저렇고 등등 잔소리(?)가 심합니다. 그런 잔소리가 듣기 싫을 적에는 은근슬쩍 그분을 피하는 것이 경우가 가끔 있습니다.

그래도 옆집 농장주인과 만나서 인사도 나누고 이런저런 이야기를 하다 보면 정이 듭니다. 그래서 텃밭에서 많이 수확한 채소며 과채류들을 나눠주기도 합니다. 주말농장을 계기로 서로간에 인사하면서 사람을 알아 가는 재미도 좋은 점 중에 하나인 것 같습니다.

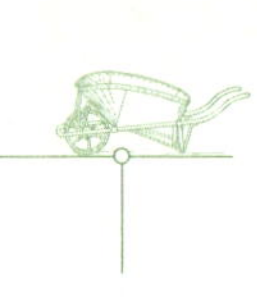

가뭄에 물주기

요즘 날씨가 꾸물꾸물하면서도 비가 좀처럼 오질 않네요.

어제 저녁에 조금 소나기가 뿌리긴 했어도 흙 속의 뿌리까지 스며들지는 않았습니다.

그래서 일요일 오후 온가족이 물주러 주말농장에 갔습니다. 작물들은 주인의 보살핌이 많을수록 잘 자라는 것 같습니다. 물론 그동안 실하게 자란 오이와 상추 수확도 하였고요. 상추밭 중간중간에 당근씨와 대파씨를 뿌렸습니다. 이젠 또 몇일 있으면 대파와 당근의 모습도 볼 수 있을것 같습니다. 그리고 옥수수의 옆가지를 제거해 주었습니다. 그래야 키가 쑥쑥 클 것 같습니다.

7월이면 옥수수를 따먹을 수 있겠지요.

〈사진 11〉 물조리로 물을 열심히 주는 모습

〈사진 12〉 옥수수 곁가지 치기

호박과 호박꽃의 아름다움

"우리밭 옆집에서 호박을 심어놓았는데 호박꽃이 피었습니다. 노란색의 호박꽃이 시선을 끌어습니다. 누가 못생긴 사람을 호박 같다고 했나 정말 아름다운 모습의 호박꽃을 보라…"

〈사진 13〉 멋있는 호박꽃

이런 꽃이 수정이 된 후에 호박이 열리고 호박꽃과 호박이 같이 한동안 달렸다가 나중에 꽃은 떨어집니다.

예전에 남의 호박은 따먹지 말라고 했습니다. 남의 호박 따먹으면 배가 아프다고 했습니다. 아마도 애써 키우고 탐스럽게 익을 무렵 주인이 오늘내일 수확 시기를 기다는데 주인 몰래 따버리면 허망해서 나온 말이지 않나 싶습니다. 물론 근거는 없습니다. 하지만 예전에 울 어머니께서 그런 말씀을 하셨습니다. 남의 호박은 절대 따먹지 말라고요.

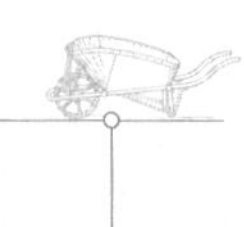

〈사진 14〉 호박과 호박꽃의 동거   〈사진 15〉 탐스러운 호박모습

하여튼 올해는 호박을 심지 못했지만 내년에는 꼭 호박을 몇 그루 심어야겠습니다. 호박전이 얼마나 맛있는지 아마 모를 것입니다. 예전에 시골에서 어머님이 비오는 날이면 호박 두 덩이를 따오셔서 호박전을 부쳐주셨습니다. 반절로 쪼개서어 밀가루를 묻히고 다시 밀가루 개놓은 것에 묻혀서 호박전을 만들어 주셨습니다.

정말 맛이 좋았습니다. 앉은 자리에서 호박 한 덩이를 다 먹은 적도 있었습니다. 물론 그런 호박전을 안 먹어 본 지가 꽤나 오래된 것 같습니다. 요즘 수퍼에서 나오는 기다란 호박으로 밀가루 대신 계란을 묻혀서 부친 전과는 맛이 전적으로 다릅니다.

곧 장마가 다가옵니다. 호박 한두 덩이 준비해서 호박전을 부쳐 먹을 준비를 해야겠습니다.

옆집 주말농장과 비교

주말농장을 처음하다 보니 다음 작물은 어떤 것을 심을지 준비가 부족합니다.

상추가 꽃대가 올라와서 뽑아내고 다음 작물을 심어야 하는데 그냥 방치하는 경우가 있습니다. 뭔가 계획성 있는 텃밭 관리가 필요합니다. 옆집들의 주말농장에는 작물이 가득하게 잘 자라고 있는데 우리집 텃밭만 휑합니다.

열무를 심어야 하는데 심을 시간이 없습니다. 주말에는 더욱 바쁘네요. 이번 주말에도 가족여행이 잡혀 있어 일 하러 텃밭에 나오지를 못할 것 같습니다. 정말 주말농장에 정성과 시간이 필요로 하는 시점입니다.

〈사진 16〉 옆집 주말농장의 꼼꼼한 재배관리

〈사진 17〉 텅빈 우리집 주말농장 재배관리

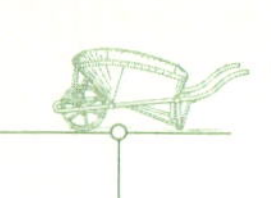

주말농장에 물난리가 났어요

　지난주(7월 4~5일) 중부지방에 집중호우가 쏟아졌습니다. 전에는 비가 안 와서 매일매일 물주는 것이 힘들었는데 막상 비가 엄청 쏟아지니 걱정이 되었습니다. 비가 갠 다음날 주말농장에 갔는데 이런, 텃밭이 온통 난리가 났습니다. 말 그대로 아수라장이었습니다. 처음에 주말농장을 얻을 때 옆 텃밭 주인이 이곳은 물이 빠지지 않는다고 했었는데 정말 비가 온 다음날이면 수렁마냥 발이 푹푹 빠지곤 했었습니다. 그런데 비가 연이틀 내린 후에 밭에 가보니 도랑으로 흘러야 할 물이 밭의 고랑으로 흐르고 말았습니다. 정말 많은 모래와 쓰레기가 텃밭을 덮었고, 텃밭은 발이 쑥~쑥 빠지는 통에 장화를 신고 갔었는데도 발을 옮기기가 여간 힘든 게 아니었습니다. 옆집의 옥수수는 넘어가고 있었으며, 우리 밭도 물에 잠기고 난 후 물길이 밭 가운데로 나서 물이 흐르고 있었습니다.

　사실, 지금 내가 취미삼아 주말농사로 지어서 그렇지 만약 이것이 나의 생업이었다면 정말 크나큰 고통이 아닐 수 없습니다. 매년 자연재해에 속수무책인 것이 너무 안타까울 따름입니다. 물론 이곳 역시 도랑과 물꼬 관리가 되지 않아서 그런 점도 있지만 그래도 너무한 것 같다는 생각이 들었습니다. 다행히 우리 밭 바로 옆의 것이어서 그렇지 아마도 우리 밭이었다면 그냥 그대로 놔두고 말았을 것입니다.

　쓰러진 옥수수 뿌리에 흙을 복토해 세워주는 작업으로 복구를 시작했습니다. 사실, 나는 들어가지 않았고 집사람이 들어가서 작업을 했습니다. 나는 무엇했냐고요? 사진을 찍어서 기록으로 남겼지요.ㅎㅎㅎ

　하지만 아이들은 농작물 피해에 아랑곳하지 않고 장화 신고 진흙 밭을 걷는 것이 마냥 즐거워하였습니다. 이른 아침에 일어나서 주말농장에 갔지만 기꺼이 따라 나선 아이들은 새 옷을 입고 갔지만 돌아올 때는 하는 것 없이 옷만 버리고 빨랫감만 남겼습니다. 그래도 이런 자연의 피해에 대해서 느낄 수 있어서 아이들에게는 산교육이었습니다.

〈사진 18〉 집중호우로 고랑으로 들어온 물길

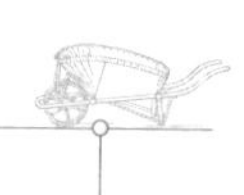

〈사진 19〉
옥수수대를
세워주는 모습

〈사진 20〉
마냥 즐거운
아이들

〈사진 21〉
상추 위의
청개구리 모습

장마에 주말농장의 작물에 병이 발생했어요

　머칠 동안 날씨가 흐리고 장마 덕분에 주말농장에 자주 가보지 못했습니다. 그런데 이런 습한 상태가 작물들에게는 병이 발생할 수 있는 최고 조건입니다. 텃밭의 가지는 중간 부분이 썩어가고, 토마토는 갈라지고, 오이도 썩어가고, 고추는 잎마름병이 발생했습니다.

　아마 이것도 역시 텃밭주인의 관심과 사랑이 부족하니 이러한 병이 발생하는 것 같다고 생각합니다. 그동안 바빠서 주말농장에 못 가고, 비가 와서 못 갔더니 이런 현상이 일어난 것 같습니다. 정말 오랜만에 주말농장에 왔습니다. 요즘에는 정말 주 1회도 텃밭에 나가기가 힘이 듭니다.

　정말 큰일입니다. 좀 더 열심히 농사를 지어야 하지 않나 반성해 봅니다.

〈사진 22〉 중간 부분이 썩어 들어가는 가지

109

〈사진 23〉 열매가 갈라지고 하얀 곰팡이가 핀 토마토

〈사진 24〉 고추가 따기 전에 썩어서 저절로 떨어지는 병

〈사진 25〉 잎이 갈색으로 변하는 배추

옥수수 수확

지난 여름휴가(8월 10일)를 마치고 간만에 집에 와서 주말농장에 가보았습니다. 잡초와 작물이 뒤섞여 있어서 정말 이것이 불모지인지 아니면 밭인지 의구심이 들 정도였습니다. 작물은 끝물인 경우가 많아서 다른 작물로 대체해야 할 것 같았습니다. 그래서 주말농장을 일단 정리해야겠다는 생각에 우선 옥수수를 정리하기로 하고, 옥수수를 수확하였습니다. 지난 여름휴가 때에도 시골에 가서 옥수수를 맛있게 먹었던 기억을 되새기며 옥수수를 수확하였고 옥수수대를 꺾어 꽤 많은 옥수수를 수확하였습니다. 우리 식구가 전부 먹기에는 너무 많아서 옆집 할머니들에게도 나누어 주었습니다. 그런데 수확을 한 번에 하다 보니 익지 않는 것도 있었고, 너무 익어서 딱딱한 것도 많았습니다. 차근차근 시간 간격을 두고 잘 익은 옥수수만을 차례대로 수확해야 하는데 그냥 놔두고 있다가 한꺼번에 수확하다보니 나타나는 문제점이었습니다.

〈사진 26〉 수확을 기다리는 옥수수

〈사진 27〉 수확한 옥수수 봉지

〈사진 28〉
다듬어 놓은
옥수수 수확물

〈사진 29〉 옥수수대를 베어서
한쪽에 적재

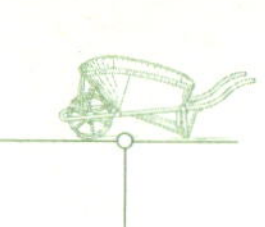

잡초와의 전쟁

주말농장을 처음에 시작할 때만 해도 많은 관심과 애정을 갖습니다. 그런데 상추가 끝나고, 하나둘씩 끝물이 나오면서 작물의 전환기가 옵니다. 하지만 다음 작물을 선정하지 못하고 막상 심고 싶은 작목이 없다보니 조금은 등한시하게 되는 것 같습니다. 주 1회 간다고 주말농장이던데 이제는 2주에 1번, 또는 3주에 1번씩 가기도 합니다. 그리고 한여름이다 보니 작물만 무성하게 자라는 것이 아니라 잡초 또한 왕성하게 자랍니다. 한 번 뽑아주고 며칠 있다가 가면 또 많이 자라 있습니다. 귀찮아서 제초제를 쓰기도 하는데 주말농장 하는 사람들은 일반적으로 농약을 사용하지 않고 재배하는 사람이 많아서 그냥 풀을 뽑아주거나 아니면 방치하게 됩니다. 그래서 시간을 내어 잡초를 뽑고 있는데 한 할머니께서 지나가시면서 잡초를 잘 관리해야 작물을 잘 기를 수 있다고 한마디 하십니다.

〈사진 30〉
텃밭에 무성하게 자란 집초들

114

토마토와 오이가 끝물이네요

그동안 주말농장에서 방울토마토, 찰토마토, 오이 등을 따먹는 재미가 쏠쏠하였습니다. 내가 직접 키운 것이어서 안심하고 먹을 수 있었고, 또한 완숙토마토를 따서 먹으니 당도가 매우 높고 더욱 맛있었습니다.

하지만 나무가 말라죽고, 열매도 실하지 못해서 이제는 작물을 뽑고 정리할 때가 되었습니다. 그래서 토마토 줄기를 정리하고 가을배추를 심기 위해서 지주와 작물, 잡초 등을 깨끗하게 정리하였습니다.

주말농장이다 보니 10평 남짓한 밭에서 제거한 잡초와 작물줄기를 버릴 곳이 마땅하지 않았습니다. 그래서 길 건너편의 공터에 버렸습니다. 왜 이곳에 버렸냐고 소리를 들으면 뭐라 할 말이 없습니다. 이것도 주말농장을 하는 입장

〈사진 31〉
끝물인 방울토마토

에서 보면 문제점인 것 같습니다. 예전에 시골에서는 밭의 한쪽 구석진 곳에 쌓아서 거름을 만드는 공간이 있었습니다. 하지만 밭이 자기 소유가 아니고 비좁다 보니 아무 곳이나 빈 공터가 있으면 길가에 버리곤 합니다. 작물도, 풀도, 지주대도 모두 말입니다. 그래서 한쪽에 쓰레기 더미가 높게 쌓이는데 미관상 별로 좋아 보이지는 않습니다.

〈사진 32〉 끝물인 찰 토마토

〈사진 33〉
정리를 기다리는 오이, 토마토

고구마, 땅콩 수확

　지난봄 주말농장에 고구마를 10포기 정도 심었는데 잘 자란 준 고구마를 가을에 수확하였습니다. 아이들이 호미로 고구마를 캤는데 엄청 큰 것을 보고 환호성을 지르며 엄청 좋아했고, 행여 고구마에 상처가 날까 조심조심 캤습니다. 그리고 땅콩과 야콘도 함께 수확하였습니다. 아이들이 난생처음으로 주말농장에서 고구마와 땅콩을 수확한 날이었습니다. 그저 씨앗 하나만 심었을 뿐인데 이렇게 주렁주렁 열매가 달려 있는 것이 마냥 신기할 따름입니다. 진정으로 이것이 몇 곱의 남는 장사이네요. 그동안 작물을 키우기 위해 물 주기와 잡초 뽑기에 힘은 들었지만 농산물 수확을 하면서 나름 보람과 재미를 느낍니다.

〈사진 34〉 땅콩 수확

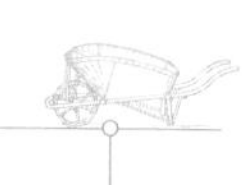

〈사진 35〉 야콘 수확

〈사진 36〉 땅콩과 야콘 수확 후 포즈

〈사진 37〉 수확한 땅콩과 야콘

〈사진 38〉 주말농장에서 고구마 캐기 체험

〈사진 39〉 수확한 고구마 담기

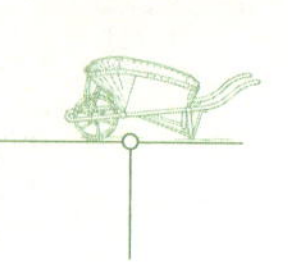

3년차 **주말농장** 체험

포트에 모종 키우기

집사람이 수원시 텃밭보급소에서 운영하는 도시농부학교에 다닙니다. 그곳에서 주중에는 이론 강의를 하고 토요일에는 텃밭에서 실습을 합니다. 실제 텃밭에 나가서 작물을 심고 기르는 것입니다. 그런데 요즘 가중 고민하고 있는 것 중에 하나는 씨앗으로 뿌리느냐? 아니면 모종을 해서 모종으로 옮겨심느냐? 하는 부분에 있습니다. 가장 확실한 방법은 포트에 육묘를 하여서 옮겨심는 것이 가장 좋지만 귀찮기도 하고 싹틔워서 키우기도 어렵고 나중에 키워서 텃밭으로 옮기기도 번거롭습니다. 그래서 일반적으로 모종을 사서 심거나 아니면 씨앗을 바로 텃밭에 파종하는 경우가 많은데 각각 장단점이 있습니다. 모종을 사서 심으면 모종 값도 꽤 많이 들어갑니다. 그래서 도시농부학교에서는 주요 품목에 대해서는 육묘를 하여 심는 것을 원칙으로 합니다. 그리고 심는 작물에 대해서는 토종씨앗을 심어서 가꾸어 차후에는 토종씨앗을 보존하는 역할을 하기도 합니다. 일반적으로 종묘사에서 파는 모종을 사서 심으면 첫해는 수확량이 많지만 다음해에는 씨앗을 받아서 심을 수가 없다고 합니다. 싹이 발아도 어렵고, 수확량이 현저히 떨어져서 경제적인 가치가 없다고 합니다.

〈사진 23~26〉은 베란다에 육묘상자를 두어 심어서 길러온 콩과 옥수수입니다. 포트에 파종 후 14일이 지난 뒤에 텃밭에 옮겨심었습니다.

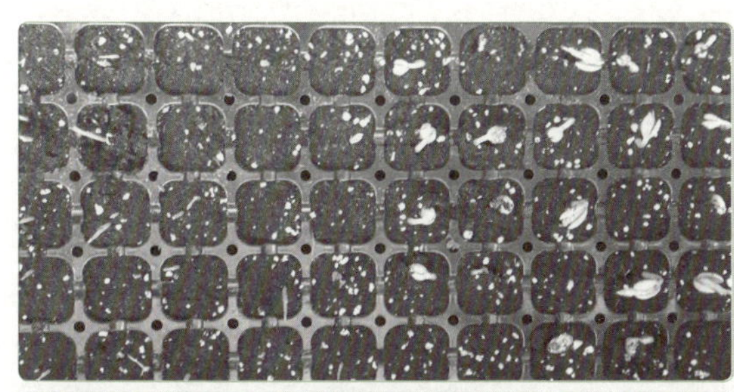

〈사진 40〉 포트에 심은 지 7일 경과

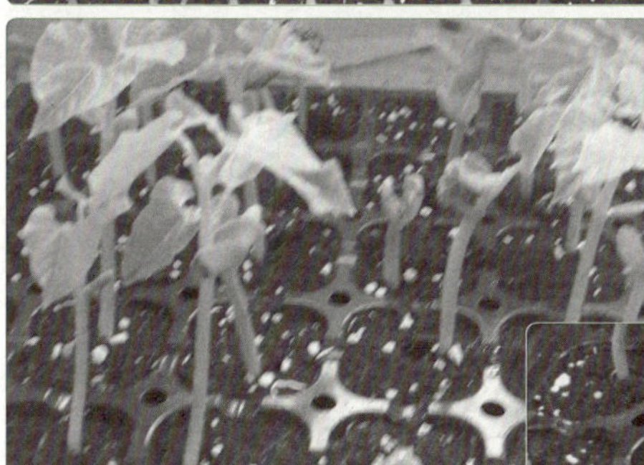

〈사진 41〉 포트에 심은 지 10일 경과

〈사진 42〉 포트에 심은 지 12일 경과

〈사진 43〉 포트에 심은 지 14일 경과

모종 옮겨심기

도시농부학교에서 텃밭에 모종을 옮겨심는 날입니다. 우선 집에서 포트에 길러온 콩과 옥수수를 가지고 갔는데 옥수수는 잎이 4장정도 나와야 한다고 하여서 다시 가져 왔고, 콩 모종 중에서 발육이 덜 된 것도 다시 집에 가져와 베란다에서 더 키워서 옮겨심기로 했습니다.

텃밭보급소에서 나누어 준 고추 5개, 오이 2개, 토마토 1개, 가지 2개, 양배추 종류 3개를 주어서 그것을 텃밭에 옮겨심었습니다. 모종을 텃밭에 심을 때는 일반적으로 콩, 오이, 고추 등은 모종 간격을 60cm 간격으로 심는 것이 좋으며, 쌈 채소의 경우에는 30~40cm 정로 심는 것이 좋다고 합니다.

〈사진 44〉 나누어준 모종의 종류

〈사진 45〉 열심히 설명해주시는 선생님

　　모종 옮겨심는 방법은 1) 고추의 경우에는 이랑을 만들고, 2) 정식할 위치에 구멍을 파고, 3) 파 놓은 구멍에 물이 스며들 정도로 충분히 주고, 4) 물을 준 곳에 모종을 심는다, 5) 심을 때에는 포트상태의 흙이 위에 보일 정도로 알맞게 흙을 덮습니다. 오늘 옮겨심은 모종 중에 고추 외의 작물, 즉 오이, 토마토, 가지 등은 이랑을 만들지 않아도 되어 적당한 간격으로 심었습니다.

〈사진 46〉 옮겨심을 곳에 구멍을 판 후 물 주기

〈사진 47〉 모종 옮겨심기 완료

〈사진 48〉
우리 집 둘째 딸이 심은
콩 모종

〈사진 49〉 열심히 실습 중인 도시농부들

텃밭에 영양제를 주다

텃밭에 심어 놓은 여러 가지 작물들에게 영양분을 공급해주기 위해서 수원 농업기술센터에서 3가지의 친환경 유용 미생물제(효소액)를 얻어와 물과 희석하여 작물에 골고루 듬뿍 뿌려 주었습니다. 당수동 시민농장의 땅이 너무 척박하여 작물을 재배하기는 쉽지가 않았습니다. 더군다나 거름과 물을 자주 주는 편도 아니어서 더욱 그런 것 같습니다. 지난달에 심은 감자가 아직도 싹이 나오지 않고 있으니 말입니다.

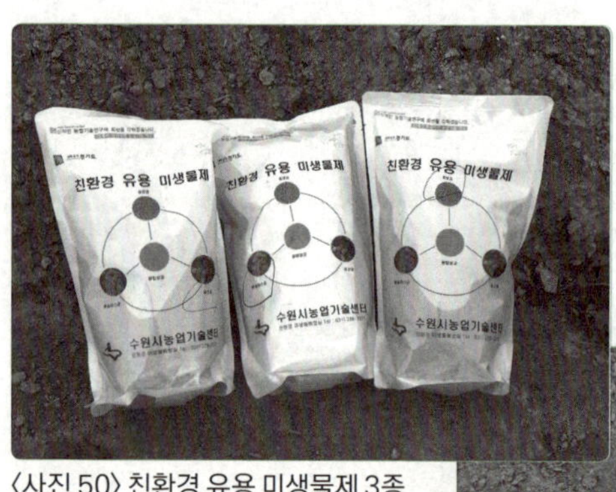

〈사진 50〉 친환경 유용 미생물제 3종

〈사진 51〉 물에 희석하기 위한 준비

고구마순 옮겨심기

칠보산도토리교실의 시민농장에 고구마순을 옮겨심는 날이었습니다. 그런데 나는 오전에 일이 있어서 늦게 합류하였습니다. 이미 이랑도 다 만들고 여러 지원자들이 있어서 작업을 많이 해 놓은 상태였습니다. 나는 뒤늦게 고구마 순을 놓아주고 물 주는 일을 도와주었습니다. 그리고 남는 고구마순 몇 개를 얻어다가 당수동에 있는 주말농장의 텃밭에 심었습니다. 예전엔 그곳에 감자를 심었는데 싹이 나지 않아서 고구마순을 얻어다가 심었습니다. 그런데 호미를 가져가지 않아서 풀이 많은데도 풀을 뽑지 못하고 그냥 집으로 올 수밖에 없었습니다. 나중에 풀을 매어주고 물도 열심히 주어서 잘 길러야겠습니다.

〈사진 52〉 준비된 고구마순

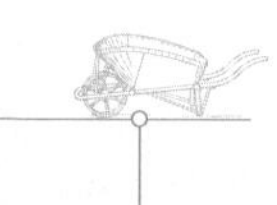

〈사진 53〉 도토리시민농장에 고구마순 심기

〈사진 54〉
배게 심어 놓은
고구마순

〈사진 55〉 당수동 주말농장에 심은 고구마순

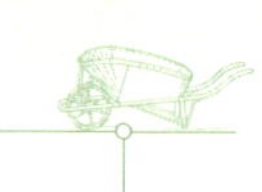

2014년 5월 23일

콩 모종 순지르기

아침 일찍 일어나서 당수동 시민농장 텃밭에 갔는데 새벽부터 아는 두 분께서 콩 모종을 심어 놓은 밭에서 무엇인가 일을 하고 계셨습니다. 다가가서 인사들 드리고 무엇을 하나 보니 콩 모종의 순을 잘라내고 계셨습니다. 그 이유는 콩은 어느 정도 크면 꽃이 필 때 순지르기를 꼭 해줘야 열매가 많이 맺히는데 그 시기를 놓치면 콩알맹이가 안 여문다고 합니다. 그래서 꼭 순지르기를 해줘야 하는데 그 시기와 작업량을 줄이기 위해서 어릴 적에 해줘서 옮겨심으면 나중에 커서 순지르기를 안 해줘도 됩니다. 순지르기를 한 콩 모종은 나중에 두 갈래로 가지가 벌어져서 수확량도 많아진다고 합니다.

〈사진 56〉 콩 모종 씨 뿌리기

〈사진 57〉 콩 모종의 순지르기

〈사진 58〉 새순을 잘라낸 콩 모종

〈사진 59〉 잘라낸 새 콩잎

2014년 5월 24일

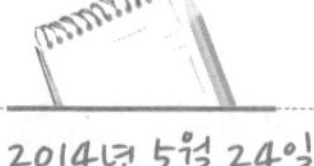

지지대 세우기

며칠 전에 심었던 오이, 고추, 완두콩, 토마토 등에 지지대를 세워 주었습니다. 줄기식물의 경우 지지대를 세워 줘야만 열매 맺히는 데에도 좋고 관리도 편하기 때문에 해주는 것이 좋습니다.

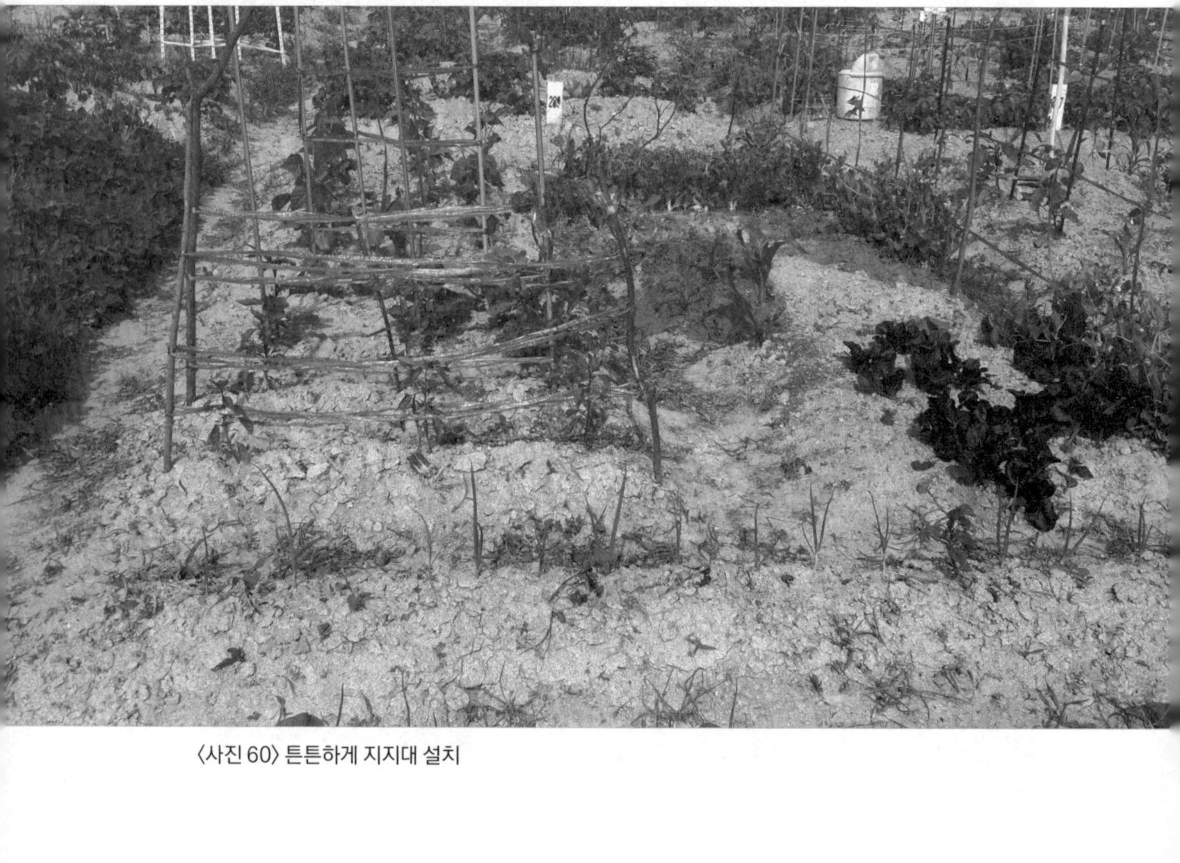

〈사진 60〉 튼튼하게 지지대 설치

〈사진 61〉 건강하게 자란 완두콩

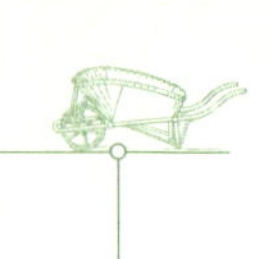

김매기와 오이 따기

그동안 바빠서 주말농장에 자주 가질 못했습니다. 그래서 특별히 자투리 시간을 내어 당수동 주말농장에 가서 풀을 뽑아 주었습니다. 정말 너무 텃밭을 관리하지 않다 보니 풀이 밭에 꽉 차서 작물은 잘 보이지 않았습니다. 그래도 오이와 토마토, 가지, 고추 등은 어느 정도 열매를 맺어서 탐스럽게 익어가고 있었습니다.

일단 풀을 뽑아 주기로 하였습니다. 그리고 오이, 가지, 고추, 상추, 쑥갓 등 텃밭에서 작물을 수확하였습니다. 특히, 오이는 토종오이였는데 그것을 옷에 쓱쓱 닦아서 아작아작 씹어 먹는 둘째 녀석을 보면서 이것이 정말 농사짓는 재미 아닐까 하는 생각이 들었습니다.

완두콩을 너무 오래 놔두면 안 될 것 같아 아침 일찍 수확을 하러 갔습니다. 오늘도 처제네 집에 아버님과 어머님께서 오신다고 하시고, 내일은 맑음터에서 토마토 장아찌를 담는다고 하여 바쁜 일정 때문에 이렇게 새벽 아침 일찍 서둘러서 텃밭 작업을 하였습니다. 엊그제 잡초를 제거한 텃밭은 풀은 많지는 않았지만 그래도 조금씩 보이는 풀을 뽑을 시간도 없고 해서 가지와 고추, 상추만 따서 집에 돌아와 급히 챙겨서 집사람은 도시농부학교 수료식에, 아이들은 하천생태체험교실에 참여하기 위해 서둘러 갔습니다.

〈사진 62〉 풀이 우거진 텃밭

〈사진 63〉 텃밭에서 뽑은 풀

〈사진 64〉 수확한 고추로 도깨비 뿔 흉내내기

〈사진 65〉 탐스러운 방울토마토

〈사진 66〉 주렁주렁 달린 가지

〈사진 67〉 갓 딴 오이 시식

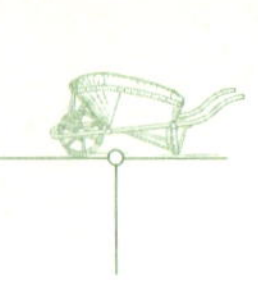

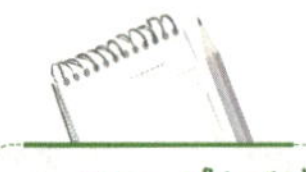

개똥수박 수확하다

도토리시민농장 텃밭에 저절로 난 수박이 두 그루가 있었는데 어느 정도 수박이 자라더니 더 이상 크지를 않아서 회원들이 모여서 따 먹기로 하였습니다. 크기는 작지만 맛은 정말 일품이었습니다. 일반적으로 수박을 접을 붙여서 키우지만, 저절로 나는 수박이라서 그런지 크기가 참외보다 조금 컸습니다. 하지만 껍질은 얇고 수박 맛은 정말 달고 맛있었습니다. 우리 텃밭에 직접 심지는 않았지만 저절로 나서 기른 수박을 먹을 수 있었던 것은 크나큰 행운이었습니다.

〈사진 68〉 텃밭에서 자라고 있는 개똥수박

〈사진 69〉 수박 따기

〈사진 70〉 머리보다 작은 수박

〈사진 71〉 수박 수확

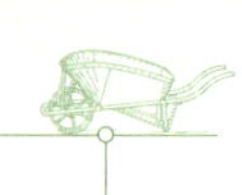

목화솜을 만나다

당수동 시민농장의 배추에 물을 주기 위해서 갔는데 토종종자를 관리하는 텃밭에 목화나무가 몇 그루 있었는데 목화솜이 피어 있었습니다. 요즘 가벼운 소재인 캐시밀론에 자리를 내줬지만 예전에 목화솜으로 이불을 만들어 덮으면 따뜻하기는 해도 무거운 것이 흠이었습니다.

어릴 적에 목화꽃이 핀 뒤에 목화열매를 따 먹으면 달달한 맛의 즙이 많아 따먹었던 기억이 납니다. 초등학교 가는 길에 목화밭이 있어서 집에 돌아오면

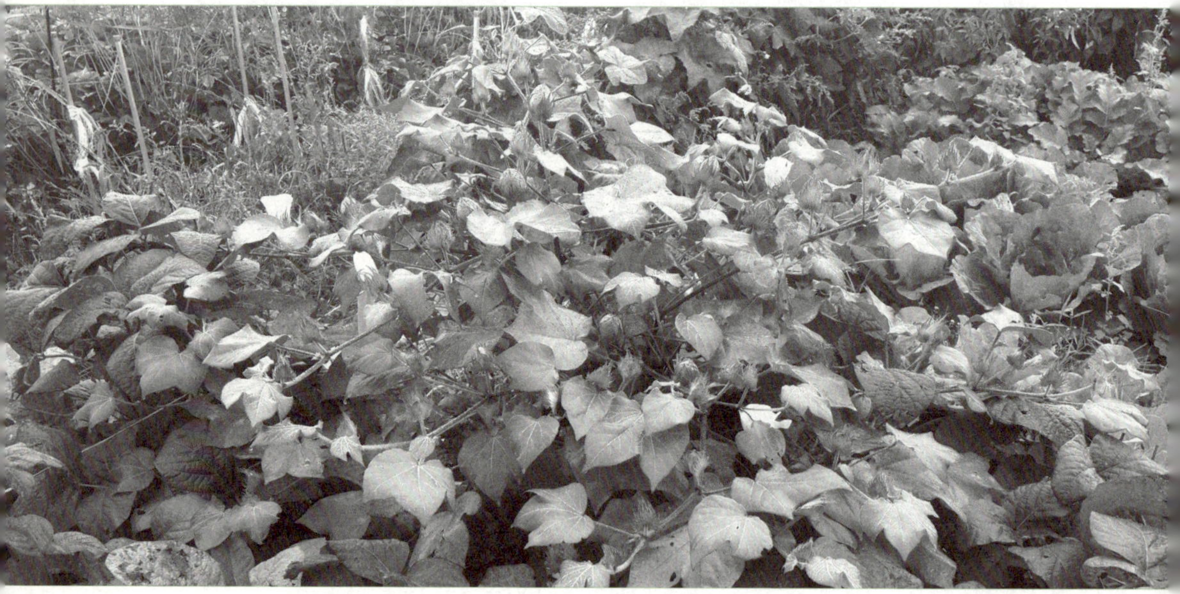

〈사진 72〉 커다란 목화 나무

138

서 목화열매를 따먹었던 기억이 나서 하나 따 먹어 보니 영~~ 예전 맛이 아닙니다. 예전에 그렇게 맛있었던 것이 말입니다. 세월이 흘러감에 내 입맛이 변한 것일까?

목화솜을 만드는 목화나무는 요즘에는 보기 힘든 나무 중에 하나입니다. 꽃봉오리가 만들어지고 꽃이 피기 전에 솜에 물이 차오르고 그 물이 차오른 솜을 따먹으면 달달하여 많이 따 먹었는데 요즘 그런 풍경은 어디서도 찾아보기 힘듭니다.

〈사진 73〉 목화열매

〈사진 74〉 목화꽃

〈사진 75〉 목화솜

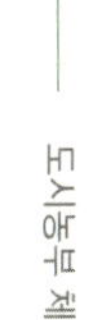

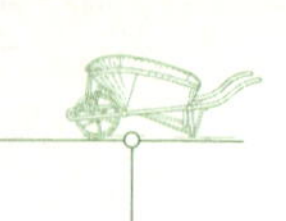

배추 모종을 추가로 심다

배추 모종을 전에 심었는데 벌레들이 잎과 뿌리를 갉아 먹어서 중간 중간에 죽는 것이 많았습니다. 그래서 옆집 텃밭 주인의 남는 배추 모종을 얻어서 심었습니다.

올해엔 양가(본댁과 처가)에서 김장김치를 얻어오지 않고 직접 김장을 해볼 작정입니다. 배추 모종을 심기 위해서 우선 퇴비를 주고 이랑을 만들고 배추 모종을 심을 곳에 먼저 물을 충분히 준 뒤 물이 땅속으로 스며들기를 기다려 모종을 잘 심어주면 끝입니다. 이번 모종에는 벌레들의 피해가 없었으면 하는 바람뿐입니다.

항상 작물들은 주인의 발자국소리를 듣고 자란다고 했습니다. 무조건 작물을 심어 놓고 알아서 크라고 하는 게으른 도시농부의 행태에 조금은 미안한 맘이 듭니다.

〈사진 76〉
고랑을 만든 후 물 주기

〈사진 77〉
추가로 심을 배추 모종

〈사진 78〉
옮겨 심은 후의 배추 모종

〈사진 79〉
이전에 심었던 배추 모종

141

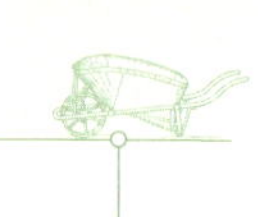

2014년 9월 12일

배추에 물 주기

오늘은 저녁에 당수동 시민농장에 심어 놓았던 배추에 물을 주러 갔습니다. 지난 추석 전에 텃밭에 다녀 온 뒤로 통 가보지 못하고 1주일이 지난 오늘에야 갔는데 며칠 사이에 배추가 무척 많이 컸습니다. 옆에 지나가던 사람이 김장해도 되겠다고 말을 붙여봅니다. 내가 보기에도 엄청 많이 자랐습니다. 그저 배추 모종을 심어 놓은 것뿐인데 무럭무럭 잘 자라줘서 고마울 따름입니다. 처음 심어 놓았을 때 벌레가 있어서 걱정했는데 이제는 벌레가 잎을 갉아 먹는 시기는 지난 것 같습니다. 배추에 물을 흠뻑 주고 돌아서니 벌써 어둑어둑 어둠이 드리워집니다.

〈사진 80〉 당수동 시민농장의 배추밭

배추벌레잡이

　요즘은 정말 주말농장을 하는 것 같습니다. 주말이면 토요일 아침 일찍 일어나서 텃밭으로 나갑니다. 나중에 아이들이 일어나서 배고프다고 전화를 하면 그제야 이것저것 챙겨서 집에 오면 오전 10시를 넘기곤 합니다. 오늘은 당수동 농장에 가서 배추에 액비를 주러 갔는데 너무나 잘 자라고 있는 모습을 보고 고구마순과 고추, 가지만을 따서 집에 왔습니다. 그리고 배추를 자세히 보니 잎에 구멍이 여기저기 많이 나 있고 시커먼 똥이 있어서 잘 살펴보니 초록색 애벌레가 잎에 붙어 있는 것이었습니다. 그래서 집사람과 함께 벌레를 한 마리 한 마리 잡아서 물병에 넣었습니다. 나중에 닭 먹이로 주려고 말입니다.

　이젠 배추 속이 어느 정도 꽉 찬 것 같습니다. 그런데 하나가 이상하여서 보니 배추 하나에 속이 2개가 생기는 쌍배추가 한 포기 보였습니다. 정말 신기했습니다. 간혹 쪽밤, 쌍가마 등은 본적이 있으나 배추 속이 쌍배추인 것은 처음으로 봅니다.

〈사진 81〉 배추 속이 두 개인 쌍배추

〈사진 82〉 생수통에 넣은 벌레

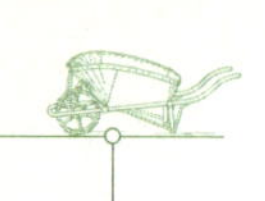

2014년 10월 18일

고구마 캐기

지난봄에 감자를 심었는데 싹이 나지 않아서 땅을 놀리기가 아까워 고구마 순을 얻어다가 심었습니다. 고구마순을 심고 물을 자주 줘야 되는데 그러질 못해서 갈 때마다 물을 흠뻑 줬던 생각이 납니다. 그리고 어느 정도 뿌리가 안착이 되었을 땐 잎이 무성하여 고구마순을 뜯어다가 맛있게 먹었습니다. 그리고 날씨가 추워지자 이제는 고구마를 캐어야지 하면서도 시간이 없어서 차일피일 미루다가 드디어 더 이상 놔두면 얼어 버릴 것 같아서 큰맘 먹고 둘째를 데리고 갔습니다.

어른들끼리 가서 빨리 캐 오는 것도 좋지만 그래도 아이들에게 고구마를 직접 캐내어 수확의 기쁨을 맛보게 하려는 배려였습니다. 아니나 다를까 고구마를 캘 때 조심조심 뿌리가 다치지 않게 캐느라 고생이 많았지만 고구마 알맹이가 커다란 것이 나올 때면 함성과 감탄을 지르곤 하였습니다.

역시 자연은 우리에게 많은 것을 되돌려 줍니다. 그저 고구마순 12줄기를 얻어다가 심어 놓고, 크게 관리도 하지 않고 그저 놔두다가 고구마를 캤을 뿐인데 이렇게 커다란 고구마를 선물로 주다니 말입니다. 올해 고구마 수확은 1박스나 나왔습니다. 크기도 엄청 크고 말입니다. 그날 장인어른과 처제네 식구들이 집에 놀러왔는데 돌아가시는 길에 한 봉지씩 드렸으니 생색도 내었답니다.ㅎㅎㅎ

〈사진 83〉 무성하게 잘 자란 고구마 줄기

〈사진 84〉 고구마 캐기

〈사진 85〉 탐스럽게 달린 고구마

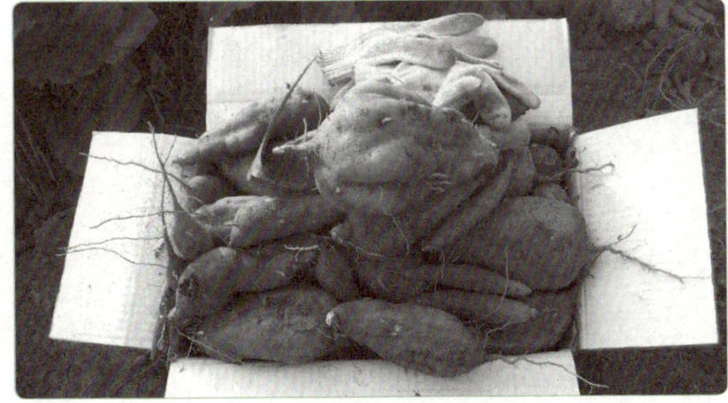

〈사진 86〉 박스에 담긴 고구마

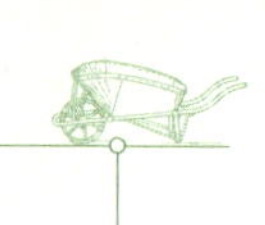

2014년 10월 18일

들깨 털기

맑음터에 들깨를 심어 놓아서 깻잎김치를 맛있게 담가 먹었습니다. 그리고 부산물로 놔두었던 들깨나무의 열매가 제법 맺혀서 들깨가 들어 있었습니다.

며칠 전에 집사람이 들깨를 베어 놓은 것이 어는 정도 마르다 보니 깨가 떨어지는 것이 걱정이 되었습니다. 내일모레 비가 온다는 뉴스예보를 접하고도 들깨를 털 시간이 나지 않아서 내심 걱정을 했었습니다. 그래서 토요일 늦은 시간이지만 특별하게 시간을 내서 털어야겠다고 맘을 먹고 나섰습니다.

우선 밑에 쓸 깔판이 필요했는데 있을 리가 없습니다. 그래서 그냥 돗자리를 갖고 갔으며 두드리는 것은 그동안 지지대로 썼던 나무막대를 구해서 그것으로 두드렸습니다. 그렇다고 들깨 양이 많은 것은 아니었습니다. 한 폭 1m에 길이 5m 이랑이었습니다. 그래서 베어 놓은 들깨대를 조심스레 들어다가 돗자리에 놓고 막대기로 천천히 두드렸습니다. 깨가 떨어지는 소리가 듣기 좋았습니다. 열심히 두드리다 보니 깨가 다 떨어졌는지 깨 떨어지는 소리가 덜 납니다. 깨 털기를 마치고 알맹이를 선별하여 담아 보니 조그마한 비닐봉지로 반 정도 나왔습니다. 그래도 첫 수확이다 보니 기분이 좋았습니다. 집사람에게 보여주니 다음에 맑음터 행사 때 들깨강정을 만들어 먹으면 좋겠다고 하였습니다.

〈사진 87〉
베어 놓은 들깨대

〈사진 88〉 돗자리에 모아서 깨 털기

〈사진 89〉 막대기로 두드린 뒤 나온 깨

〈사진 90〉 들깨 수확

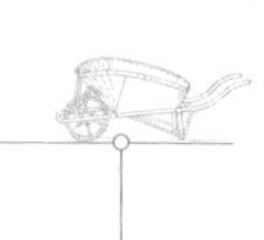

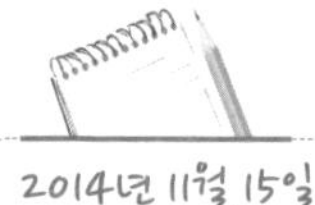

2014년 11월 15일

배추 수확

　당수동 시민농장에 심어 놓았던 배추를 수확하여 김장을 하기로 하였습니다. 오전에 다른 일정이 있어서 아침 일찍 배추를 뽑으러 텃밭에 갔습니다. 그런데 날씨가 갑자기 추워져서 서리가 많이 내려서 배추 겉잎이 얼어 있었습니다. 배추를 뽑아서 간단히 잎을 떼어 낸 후 마대와 큰 광주리에 담아서 집으로 가져왔습니다. 저녁에 소금물에 절여서 내일 아침 김치를 담을 예정입니다.

〈사진 91〉 이른 아침 당수동 시민농장의 전경

〈사진 92〉
탐스럽게 자란
20여 포기의 배추

〈사진 93〉 배추 수확

〈사진 94〉
한 광주리 담은 배추

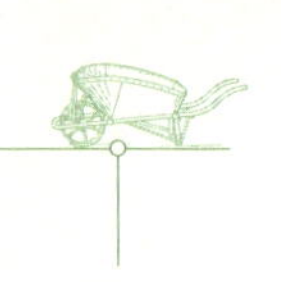

2. 논 학교에서 논농사 배우기

3월 12일

논 학교 입학원서

2014년도 논 학교 과정에 입학원서를 냈습니다. 논 학교 운영은 '한살림경기남부생협 수원지부/수원텃밭보급소' 주관으로 3월 16일 입학식을 시작으로 총 15강좌로 11월 16일까지 운영되며, 벼를 재배하는 전체 과정에 실제 교육생이 참여하여 이론과 실습을 통하여 벼 재배 기술을 몸소 익힐 수 있는 좋은 기회라고 생각이 들어 신청하게 되었습니다(앞서 제시한 〈문암골 논 학교 프로그램 일정표 예시〉 참조).

논 학교 입학식 및 이론교육 1

　논 학교 입학식은 주관기관인 '한살림경기남부지역 수원지부'에서 실시하였습니다. 논 학교에 참여한다는 생각에 들뜬 마음으로 첫 수업에 참가하였습니다.

　사실 어릴 적부터 논농사에 익히 보아 왔고, 부모님을 도와드려서 논농사에 대해서 모르는 것이 없다고 생각하였습니다. 하지만 어림짐작으로는 알아도 정확하게 아는 것이 없어 논 학교에 등록하게 되었습니다. 오늘은 첫 날이라 입학식과 20여 명 되는 논 학교 학생 소개, 그리고 벼 생육 관련 이론교육 첫 번째 시간을 가졌습니다.

　논 학교에 대해서 1년 동안 진행할 내용에 대해서 수원텃밭보급소 박영재 대표님께서 설명해 주셨습니다. 향후에 논 학교 교장이시며 이론 및 실습 전담 강사로 논 학교를 이끌어 가실 분이시기도 합니다.

　첫날 수업에 참석하여 이론적으로 많은 것을 들으면서 논농사에 대하여 체계적으로 배울 수 있겠구나 하는 기대를 하게 되었습니다. 문제는 수업을 마친 후 잘 정리하는 것이 관건인데 그렇게 할 수 있을지 조금은 걱정입니다. 그날 배운 것은 바로바로 정리하는 습관을 길러야 하는데 바쁘다 보면 정리하지 못하는 날이 많을 것 같아서 말입니다. 그래도 차근차근 잘 정리할 것을 다짐해 봅니다.

　논농사는 3월부터 11월까지 진행될 예정이며 벼 재배뿐만 아니라 연(근)재배, 콩심기, 창포시기 등 다양한 품목을 재배하는 기술을 익힐 예정입니다. 또한 토종 벼 품종을 실제 기계를 사용하지 않고 오직 인간의 손만으로 그 옛날의 논농사 방법으로 농사를 지을 예정입니다. 논 학교의 실습 논은 광교산 인근의 문암골에 위치하였습니다.

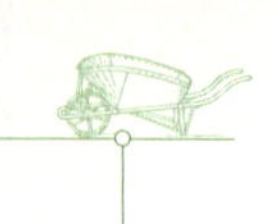

광교 문암골 논 학교 현장

논 학교 두 번째 시간입니다. 요즘 봄이 와서 새로운 생명들이 태동하듯이 논농사를 준비하는 사람들에게도 가장 바쁜 시기인 것 같습니다. 모내기를 위한 준비를 하기 위해서 오늘 수업은 올 한해 논 학교 실습장인 광교 문암골 논 현장에서 야외 수업으로 진행하였습니다.

문암골 논에 가기 위해서 집에서 13번 버스를 타고 1시간이 넘게 걸려서 도착하였습니다. 그런데 일요일이다 보니 시내에서 차가 막히기도 하였고, 광교산 근처에 거의 도착하여서는 수많은 등산객들의 차량과 인파에 교통이 매우 혼잡하였습니다. 첫날 현장수업시간인 3시가 조금 넘어서 도착했지만 아직 수업을 시작하지 않아 다행이었습니다. 오늘 야외 실습장에서 수업 첫날이다 보니 지각생이 몇 명 더 있었습니다. 논 학교 수업을 마치고 집에 되돌아 올 때는 등산객과 많은 차량으로 거의 2시간이 걸려서 집에 돌아왔습니다.

광교산 문암골 논은 3단 층계를 이루는 계단식 논이었습니다. 가장 높은 곳에는 중앙에 연못이 있었고 양 옆은 논이었는데, 이곳에는 연근을 심을 예정이라고 합니다. 그리고 2단 층계의 논에는 토종벼를 심을 것이며, 가장 밑 논에는 생산을 목적으로 하는 벼품종을 심어 수확량을 확보할 예정이라고 하셨습니다.

논 학교 포장의 가장 위쪽에 위치한 둠벙(연못)은 물을 저장하였다가 논에 물을 공급하는 역할을 할 것이며, 벼 재배에 있어서 차가운 물이 유입될 경우 냉해 피해가 우려되어 물의 수온을 높여주기 위하여 논 내부 물이 순환될 수

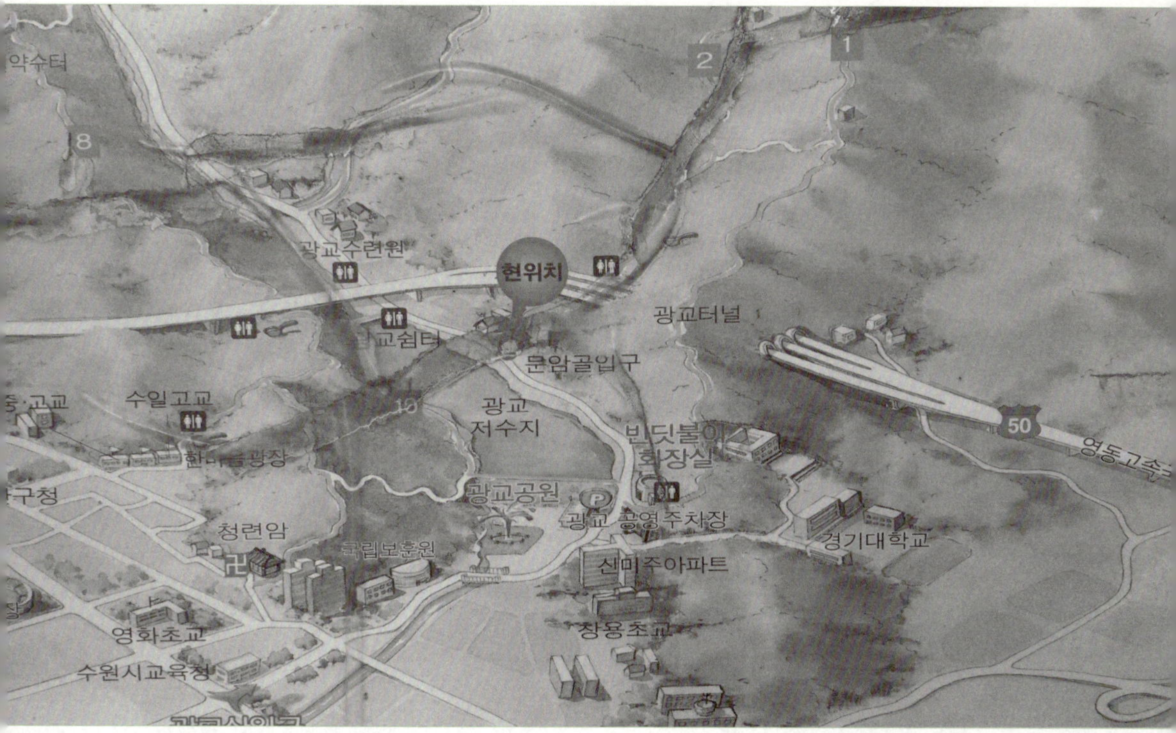

〈사진 95〉 문암골 논 학교 실습장

있는 수로를 만들어 주었습니다. 따라서 저수지의 물이 바로 논으로 유입되는 것이 아니라 논 내부수로를 일차적으로 돌고 난 다음에 논으로 유입되도록 해 놓았습니다. 또한 이곳 수로에는 미나리와 창포 등을 심어서 여러 가지 체험을 진행할 것이라고 하였습니다.

〈사진 96〉 논 학교 실습 논

〈사진 97〉 논 학교 맨 위층의 둠벙

〈사진 98〉 3층 논의 형태

미강 발효 준비

논 학교 세 번째 시간은 번개 수업으로 진행되었습니다. 논에 화학비료를 전혀 사용하지 않기 때문에 실지렁이를 키워서 지렁이의 배설물을 이용하여 거름으로 이용한다는 것인데 우선 지렁이에게 영양분을 공급하여 지렁이 개체 수를 늘려주고, 지렁이가 왕성하게 활동할 수 있도록 먹이를 공급해 주는 것입니다. 그것이 미강, 즉 쌀겨를 논에 뿌려 주는 것인데 우리가 선택한 방법은 먼저 흙과 미강과 유용미생물, 균배양제 등을 잘 섞어서 발효를 시킨 다음에 논에 뿌리기로 했습니다.

혼합비율은 흙(1):미강(1):물(60%):유용미생물, 균배양제 등을 혼합하여 7일 정도 발효시킨 후에 논에 뿌려줍니다. 이번에 사용된 미강의 양은 600kg(1,500평)을 사용하였으며, 너무 무거워서 트럭으로 운반하여 작은 포대에 옮겨 담아서 흙과 섞어 주면서 그 위에 물과 미생물, 배양제 등을 함께 혼합하여 쌓아 놓았습니다.

간만에 하는 삽질이라서 허리가 너무 아팠습니다. 역시 농사일은 너무 힘든 작업입니다.

〈사진 99〉
트럭으로 옮겨진 미강

〈사진 100〉
작은 포대에 담아 옮기기

〈사진 101〉
흙, 미강, 배양제, 미생물,
물을 골고루 섞는 작업

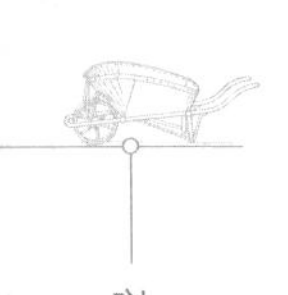

〈사진 102〉
미강 발효 준비 완료

〈사진 103〉 발효를 돕기 위해 보온 준비

〈사진 104〉 보온 덮개로 마무리

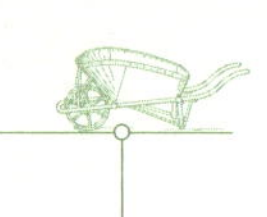
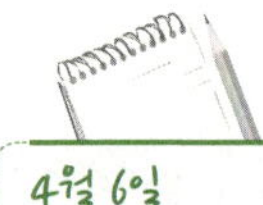

볍씨 뿌리기

오늘은 볍씨를 포트에 2알씩 넣어 파종하는 작업을 하였습니다. 일반적으로는 모판에 뿌려서 기계모를 내는데 논 학교에서는 기계(이앙기)를 사용하지 않고 손모를 내야 하기에 200구멍의 포트를 사용하여 볍씨를 2알씩 포트에 넣고 그 위에 흙을 덮어 주었습니다.

볍씨는 자광벼를 종자로 사용하였으며 흙은 논 육묘용 상토를 사용하였습니다. 작업은 논 학교 학생과 육묘반 학생 중에 번개 작업에 참여하는 사람 10여 명이 작업을 하였습니다. 총 200여 개의 모판을 만들어야 하는데 오전 10시부터 시작하여 오후 1시가 되어서 거의 끝이 났습니다. 모판작업에는 두 딸이 따라와서 열심히 도와주었습니다.

〈사진 105〉 포트 한 구멍당 2알씩

〈사진 106〉
열심히 볍씨 모판 만들기

〈사진 107〉
포트에 볍씨 넣고 흙덮기

〈사진 108〉 모판 쌓기

못자리 만들기

논 학교의 실습장에서 못자리를 만들었습니다. 못자리는 두 종류가 있었습니다. 한 종류는 포트에 넣어서 준비했던 것을 넣어서 기르는 것이 하나이고, 또 다른 하나는 못자리를 만든 다음에 직접 볍씨를 뿌려서 기르는 것이었습니다. 첫 번째 방법의 포트에 넣어서 논에 넣는 것은 어제 선생님과 몇 분이서 작업을 이미 마치셨고, 오늘은 못자리에 직접 볍씨를 뿌려서 만드는 작업을 하였습니다.

볍씨 종자는 자광벼, 흑미, 향미 등 3가지를 준비하였습니다. 자광벼는 제법 싹이 많이 났는데 그 외의 것은 아직 촉이 나오지 않은 것이 많았습니다. 우선 폭이 1m 정도의 고랑(두덕)을 만든 다음에 평평하게 고른 후에 물을 빼고 그 위에 직접 볍씨를 뿌린 후에 황토로 약간 덮어 모를 기르는 방법입니다.

그런데 작업 도중에 비(소나기)가 내려서 모두들 당황하였습니다. 작업을 계속해야 하나 아니면 쉬었다가 해야 하나, 아니면 오늘 일과는 이것을 끝내야 하나 등등 결정을 내리지 못하고 우왕좌왕 하였습니다. 하지만 교장선생님은 빨리하자며 재촉을 하였고 몇몇 학생들은 비 그치면 하자고 말을 하기도 하였으며, 논 옆에 있는 원두막으로 잠시 비를 피했습니다. 하지만 몇몇 학생들은 그 비를 맞으며 계속 못자리 작업을 하였습니다. 비를 맞아서 감기 들면 어떡하지 하는 맘도 있었지만 그래도 일을 도중에 그만두기에는 힘든 상황이었습니다. 다행히 비는 조금 내리다가 그쳐서 무사히 못자리 작업을 마쳤습니다.

〈사진 109〉 준비된 3종류의 볍씨

〈사진 110〉 약 1m 폭으로 고랑 만들기

〈사진 111〉 싹이 난 볍씨

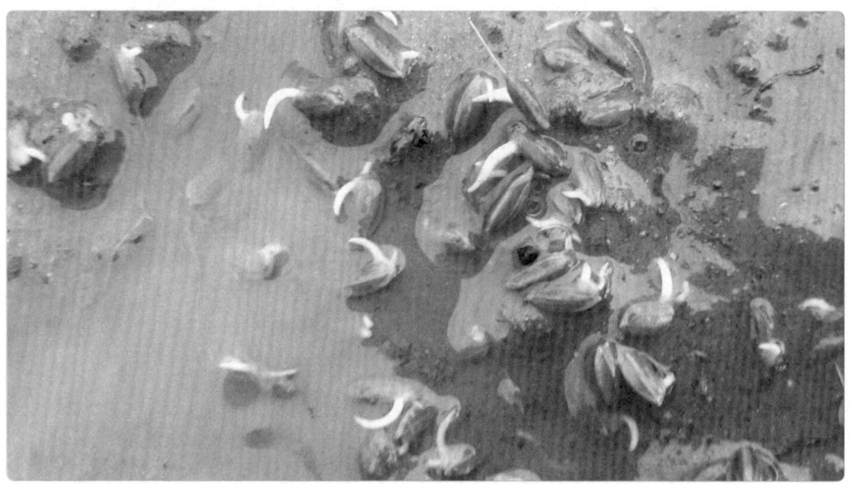

〈사진 112〉 볍씨 뿌리기

〈사진 113〉 황토 흙 뿌리기

〈사진 114〉 망으로 마무리

165

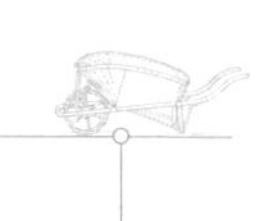

〈사진 115〉 모판을 이용한 못자리

〈사진 116〉 밤늦도록 못자리 작업

연근심기

　논 학교 논에는 벼만 심는 것이 아니라 연근을 심어서 벼가 자라는 중간에 연을 이용한 다양한 체험을 준비하고 있었습니다. 오늘 심는 연근의 양은 약 400kg으로 4박스 정도가 되었습니다. 연근을 난생처음 심어본 것이라 신기하기도 하였지만 양이 너무 많다 보니 이것이 결코 즐거운 일만은 아니었습니다. 허리도 아프고 논에 물이 있어 질퍽하여 걸어 다니면서 작업하기가 너무 힘들었습니다. 연근을 심을 때 주의해야 할 것은 뿌리(런너)와 줄기 싹을 다치지 않게 해야 하며 뿌리 부분이 아래에 향하게 하여 땅속 깊숙이 잘 심어줘야 합니다.

〈사진 117〉 논에 심을 연근

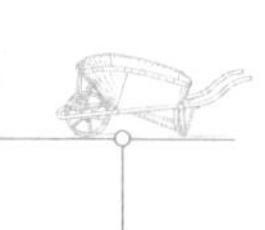

〈사진 118〉
연근 심는 시범

〈사진 119〉
일렬로 늘어서서
연근 심기

〈사진 120〉
연근 심은 지 한 달 후

발효된 미강 거름 뿌리기

지난 2주전에 만들었던 미강발효퇴비가 너무 잘 발효가 되어서 오늘 논 학교 전체 논에 뿌렸습니다. 발효된 미강 거름은 김이 모락모락 날 정도로 잘 발효되어 온도가 높았습니다. 대략 손을 넣어 보니 30~40도는 족히 될 듯합니다. 잘 섞어서 마대에 담거나 손수레에 담아 트럭 뒤에 실어서 각각의 논에 뿌려주었습니다. 기계화된 농업이 무안하게 논 학교의 학생들은 원시적인 방법인 손과 몸만으로 직접 작업의 전 과정을 진행하였습니다. 그중에 지게에 나르는 것이 인상적이었습니다. 예전에 아버지가 공부하기 싫으면 지게 하나 맞춰 줄 테니 나무나 해서 팔라고 하셨던 기억이 납니다. 저 어릴 적에 시골에는 지게가 집집마다 1개씩 있었습니다. 지게는 좁은 논두렁을 거침없이 드나들 수 있는 정말 활용도가 높은 유익한 농업 도구 중 하나였습니다.

〈사진 121〉
미강 거름 운반에 쓰인 지게

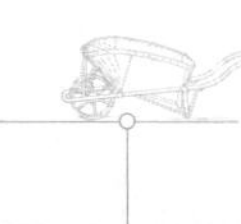

〈사진 122〉 발효된 미강 거름

〈사진 123〉
지게로 미강발효거름 나르기

논 학교 못자리 둘러보기

　오늘은 논 학교 수업이 있는 날입니다. 장소가 변경된 공지를 확인하지 못하고 논 학교가 있는 광교산 쪽으로 왔습니다. 3시에 수업이 있는데 사람들이 없어서 이상하다고 생각이 들어 논 학교 그룹채팅을 보니 장소가 변경되었다는 공지가 올라와 있었습니다. 어차피 이렇게 온 것을 어떡하리 논 학교에서 마련한 못자리, 연근논, 직파한 것, 둠벙 등을 둘러보았습니다.

　못자리는 만든 지 1달이 다 되어 가는데 아직 모가 생각보다 많이 자라지 않았습니다. 그리고 초보 농사꾼들이 한 것이어서인지 몰라도 잘 싹이 잘 나온 곳이 있는가 하면 싹이 잘 나지 않은 곳이 듬성듬성 있었습니다. 그렇지만 대체로 싹이 나오는 것은 양호한 편이었습니다.

　직파한 곳에는 거적을 덮어 놓았는데 정말 풀이 장난이 아닙니다. 이 풀을 어떻게 해야 할지 모르겠습니다. 아직은 모가 어려서 모와 풀이 분간이 안 됩니다.

　그리고 지난 4월 달에 심은 연근은 어느 정도 자리를 잡아 잎이 제법 나온 것이 많습니다. 나중에 연이 자라서 꽃잎과 연근을 캘 것을 기대하니 절로 흥겨울 따름입니다.

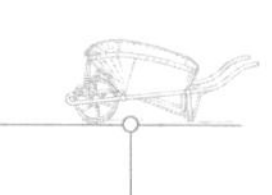

〈사진 124〉 논 학교의 못자리 만든 지 1개월 후

〈사진 125〉 잘 자라고 있는 벼 모종

〈사진 126〉 직파 후 거적을 덮어 놓은 논

〈사진 127〉 잡초가 무성한 논

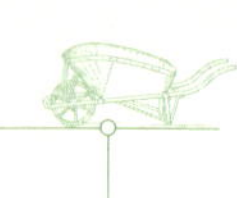

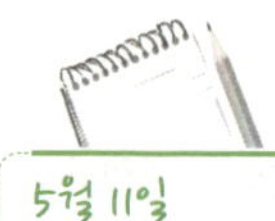

콩 모종 심기

오늘은 논 벼농사의 중간 일거리로 논두렁 주위에 콩을 심기 위한 모종을 파종하였습니다. 곧바로 콩을 심을 수도 있지만 순지르기 등 새가 먹는 피해를 줄이기 위해서 모종을 심어서 옮겨심기로 하였습니다. 물론 미리 순지르기도 하여서 나중에 꽃이 필 때 순지르기 없이 그냥 놔둬도 열매가 많이 달릴 수 있다고 합니다. 처음으로 들어 보는 농법이라 조금은 의심이 들기는 하지만 그래도 새로운 농법이라고 하니 믿고 따라 봅니다. 온실에서 관리하는 여러 가지 육묘 관리에 대해서 설명을 해주셨습니다. 또한 다양한 품종별로 벼 육묘를 만들어 놓았는데 여러 가지 관리에 대한 설명과 열처리를 하지 않은 벼 품종에서 나타나는 키다리병에 대해서도 설명을 해주셨다.

〈사진 128〉 콩 모종 심기

〈사진 129〉
삽목하여 키우는 콩 모종

〈사진 130〉
삽목한 콩 모종을
흙으로 눌러줌

〈사진 131〉
땅을 뚫고 나오는 콩 모종

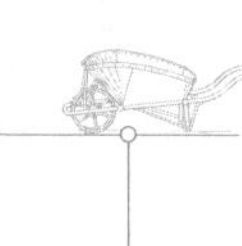

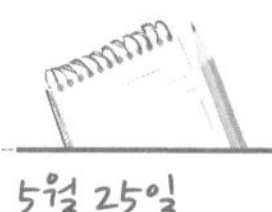

5월 25일

키다리병 모 제거하기

오늘 논 학교 수업은 우천 관계로 온실에서 기르고 있는 모판에 키다리병에 걸린 것을 솎아내는 작업과 콩 순지르기를 하였습니다.

키다리병에 걸린 것은 보통 벼와 달리 키가 유난히 크고, 줄기가 튼튼하지 못하고 둥굴며, 잎이 말려 있는 것이 특징입니다. 물론 키가 크다고 무조건 키다리병은 아닙니다. 처음에는 자세히 보아도 잘 보이지 않았지만 시간이 지날수록 점점 키다리병에 걸린 벼를 구분해서 골라낼 수 있었습니다. 병에 걸린 벼를 하나둘씩 골라내어 선생님께 검사받긴 했지만 확실하게 구별해내기란 쉽지가 않았습니다.

〈사진 132〉 키다리병에 걸린 벼 모종 구별

〈사진 133〉 모판에 키다리병에 걸린 모종 찾기

논두렁에 콩 모종 옮겨심기

논 학교에서 논 주위의 논두렁에 콩 모종을 옮겨심었습니다. 지난 5월 28일에 모종을 밭에 심어 싹을 틔운 다음에 쌍떡잎이 나올 무렵 순지르기를 하여 길렀던 한아가리콩(홀아비밤콩) 종자의 모종이었습니다.

아침 10시까지 당수동 텃밭보급소로 가서 길러 왔던 모종을 캐서 광교의 문암골 논으로 옮겼습니다. 그곳에서는 논에 모내기를 하기 위해서 준비를 하고 있었습니다. 콩 모종은 포 1.2m에 길이 10m의 이랑 4개분의 모종을 채취하였습니다. 삽으로 뿌리를 상하지 않게 캐내어 흙을 털고 비닐봉지 또는 망으로 돌돌 말아서 운반하였습니다. 뿌리에 흙이 많이 붙어 있으면 좋으련만 이동하는 데 무거워 흙을 털어서 모종을 옮겼습니다.

2개 조로 나누어서 1개 조는 논두렁 주위에 콩 모종을 옮겨심었으며, 나머지 1개 조는 논에 잡초를 제거하고 모내기를 하였습니다.

논두렁의 콩 모종은 우선 호미로 땅을 파고 심으려고 했는데 논두렁에 풀이 워낙 많아서 긴 막대로 구멍을 뚫고 그곳에 모종을 넣고 발로 밟는 방법을 활용하여 옮겨심었는데 물기가 있는 논두렁에서는 구멍이 잘 뚫리는데 물이 없는 경사진 언덕배기에서는 구멍 뚫은데 많은 힘을 요구하였습니다. 그리고 콩 모종을 심은 간격은 우선 30cm 정도 적당한 간격을 주어 심었는데 한 가지 걱정스러운 것은 고라니가 내려와서 콩잎을 다 뜯어 먹는다는 것이 문제였습니다. 야생동물의 작물 피해는 큰 문제로 이슈화가 되고 있습니다. 이에 대한 해

결방안들이 마련될 필요성이 있다고 생각합니다.

콩 모종 옮겨심기는 오후 5시가 조금 넘은 논에서 작업하는 모내기 조의 끝나는 시간에 거의 맞춰서 마무리가 되었습니다.

〈사진 134〉 삽으로 콩 모종 채취

〈사진 135〉 콩 모종 모둠

〈사진 136〉 콩 모종 운반 준비

〈사진 137〉
논두렁에 구멍 뚫기

〈사진 138〉
논두렁에 심어진 콩 모종

〈사진 139〉
경사진 논두렁에 콩 모종 심기

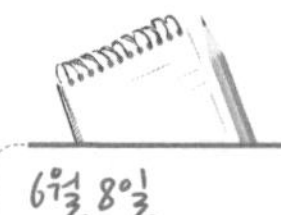

6월 8일

논 학교 모내기

오늘은 논 학교에서 드디어 논에 손모를 내는 날입니다. 우선 아침 10시부터 나와서 먼저 김매기를 하여 풀을 없앤 다음에 손으로 직접 모내기를 할 계획이었습니다.

그런데 워낙 풀이 많고 면적이 넓어서 오전부터 풀을 매었는데도 불구하고 오후 4시가 다 되어서 논에 풀을 모두 걷어 낼 수 있었습니다. 논에 풀을 제거하고 그곳에 못줄로 줄을 띄워서 일정한 간격을 맞춰서 손모를 내었습니다.

오늘 모내기 참석한 사람 중 5살 정도의 어린 아이가 어머니와 함께 와서 직접 논에 모를 심었습니다. 어린 아이에게 얼마나 즐거운 일이었을지 상상이 갑니다. 요즘 어린이들이나 학생들에게 정말로 필요한 것은 함께 작물을 키우는 모습을 보여줘야만 한다는 생각이 더욱더 간절하였습니다. 단순하게 음식으로 만들어진 모습이이 아닌, 단지 밥그릇에 담긴 쌀의 모습도 아닌 그 쌀을 만드는 작물생육 전 과정의 전반적인 교육이 필요하다고 생각이 듭니다. 그래서 요즘 많은 학교에서도 논 작물과 밭작물 체험을 함께 반영하여 체험프로그램을 많이 찾아다니기도 합니다. 하지만 항상 학교공부에   기는 학생들은 그렇게 장시간의 체험을 요하는 시간을 내기가 결코 쉽지 않은 일입니다. 과감히 1주일에 한 번은 책상을 박차고 나와서 잠시 쉬면서 자연과 함께 즐기는 시간을 갖기를 희망합니다.

〈사진 140〉 맨손으로 잡초 뽑기

〈사진 141〉 3시간 만에 잡초 제거 완료

181

〈사진 142〉 모판 옮기기

〈사진 143〉 논 학교 모내기

토종벼 200여 품종 심기

광교 논 학교의 마지막 모내기를 하였습니다. 모내기는 토종품종을 종자보존을 위한 200여종의 품종을 심어서 나중에 씨앗을 채종하여 토종종자를 보존하는 것입니다. 우선 각 품종별 3줄씩 심어서 가운데 중에서만 채종을 한다고 합니다. 하지만 서로 품종이 많이 뒤섞여서 있으면 순수혈통의 종자를 얻기가 쉽지 않다고 합니다. 벼는 자가 수정을 할 수 있다고 합니다.

〈사진 144〉 200여 개의 토종벼 품종 모

〈사진 145〉
품종별로 구획을
나눠 심은 논

연근논에 김매기

　광교 논 학교의 6분의 1에 해당하는 부분에 연근을 심었습니다. 연근을 심었을 때 물이 부족하여 힘이 들었는데 아니나 다를까 물이 부족하다 보니 잡초가 엄청 많이 자랐습니다. 잡초에 파묻혀서 연이 제대로 보이지 않을 정도였습니다. 그래도 하얀 연꽃은 예쁘게 피어 보는 이의 맘을 기쁘게 합니다. 좀 더 잘 자라게 하기 위해서 잡초 제거 작업을 해주었습니다. 손으로 뽑은 잡초을 뽑아 쌓아 놓은 풀더미가 산을 이루고 있습니다.

〈사진 146〉 잡초 무성한 연근논

〈사진 147〉
산을 이룬 잡초더미

〈사진 148〉
잡초 제거 후 모습을
드러낸 연

〈사진 149〉
아름다운 연꽃

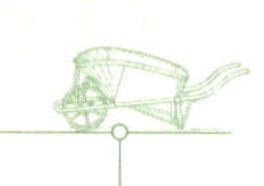

논 학교 백중행사

오늘은 음력으로 7월 15일 '백중'이라고 합니다. 백중은 예부터 농사일이 거의 끝나서 농부들이 호미를 씻어 두는데 '호미씻이'라고도 한다고 합니다. 또한 과일과 채소가 많이 나와서 100가지 갖춰놓고 제를 올리는 풍습도 있고, 머슴이 있는 집에서는 머슴에게 돈을 주고 이날 하루만은 쉬게 하였다고 합니다.

광교 논 학교에서도 백중행사를 하기 위해 며칠 전부터 카톡과 문자를 보내 공지를 하였고 행사 참여자를 모집하였습니다. 어제 논두렁의 풀을 깎아서 고된 몸이었지만 논 학교 백중행사에 참여키 위해 아침 일찍 일어나서 준비하고 집을 나섰습니다. 그동안 수업시간에 빠진 일도 있고 해서 수박 한 덩이를 사서 들고 갔습니다. 벌써 몇몇 논 학교 학생들이 미리 와서 닭 7마리, 감초, 대추, 감자, 황기 등 여래 약재를 넣고 커다란 통에 넣고 끓이고 있었습니다. 논 주위를 둘러보고 백중의 의미에 대해서 이야기를 나눈 뒤 그동안 고생했으니 오늘은 '쉬자'라는 부분에 모두들 동의를 하고 이런저런 이야기를 나누며 쉬고 있었습니다.

닭이 삶아지기를 기다리는 자투리 시간을 이용하여 김매기와 논두렁 풀 깎기 작업을 하였습니다. 약 1시간 30분 정도 작업을 하고나니 땀도 나고 배도 고파서 정리를 하고 삶아진 닭을 먹기 시작하였습니다. 들판에서 이렇게 맛있는 닭과 막걸리를 먹은 것에 무한한 행복감을 느낄 수 있었으며, 농사일을 하는 즐거움 중에 하나라고 생각이 들었습니다.

〈사진 150〉
백숙 끓이는 큰 찜통

〈사진 151〉
우물 속에 넣어둔 수박

〈사진 152〉
약재 듬뿍 넣은 백숙

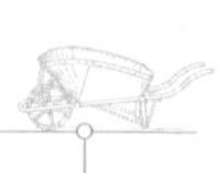

〈사진 153〉
백숙이 익기 전 김매기

〈사진 154〉
논두렁에서 소곡주 한잔

〈사진 155〉
논두렁의 잔치

벼꽃을 보다

논 학교 논을 둘러보다 200개 품목을 심어 놓은 곳에 벼꽃이 피기 시작하였습니다. 그동안 시골에 많이 살았지만 이렇게 가까이서 벼꽃을 보기는 처음이었습니다. 정말 벼꽃은 아름답고 신비로움 자체였습니다.

벼꽃은 일반적으로 6개의 수술과 암술 1개로 구성되며 자가수분을 하는 특징을 갖고 있습니다. 벼 껍질이 벌어지면서 수술이 나오고 6개의 수술이 아래로 쳐지면서 암술과 만나 수정이 일어나면 벼 껍질은 다시 닫혀서 암술의 씨방 내부 배젖이 형성되어 줄기와 잎에 있는 탄수화물이 이삭으로 이동하여 벼 알갱이가 만들어진다고 합니다.

이렇게 벼 씨앗 한 톨 한 톨이 벼꽃을 피워서 수분과 수정과정을 거쳐서 우리가 먹는 밥의 쌀이 되는 것입니다. 일반적으로 벼이삭 1개에 붙어 있는 꽃이 모두 피는 데는 3~5일 정도 걸리며 대부분 꽃이 개화 직전에 자가수분을 합니다.

〈사진 156〉 벼꽃 모습

〈사진 157〉 벼이삭이 나오는 순간

논 생태계 살펴보기

　지난 8월의 휴강을 마치고 오늘은 논 학교에서 논의 생태계에 대해서 칠보 생태체험관장님을 모시고 수업을 진행하게 되었습니다. 논에 심어 놓은 벼는 단순한 벼가 아닙니다. 환경적으로 살펴보면, 친환경, 다양한 생태계보존, 다양한 식물보존, 토종씨앗 보존 등 친환경으로 농사를 지음으로써 자연환경에는 많은 이득을 있고 이로 인해 사람들도 안전하게 보존된 생태계에서 즐거운 삶을 영위할 수 있습니다.

　어릴 시절 '자연보호'라는 문구를 본적이 있습니다. 그 의미를 제대로 알기 전에 그저 맹목적으로 자연보호를 외치던 학창시절이 생각납니다. 나이가 들어감에 따라서 자연보호의 진정한 뜻을 다시 한 번 되새겨 보는 하루였습니다.

〈사진 158〉
논 주변의 생태계 관찰

〈사진 159〉
다양한 식물들(잡초)

〈사진 160〉 수생곤충

〈사진 161〉
논 학교에서 만난 두꺼비

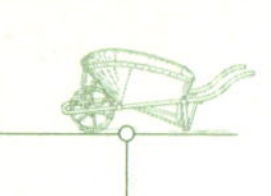

논에 물 빼기

오늘은 논 학교에서 벼를 베기 위한 준비 단계로 논에 물을 빼는 작업을 하였습니다. 수업시간보다 일찍 갔더니 논 학교 반장님께서 잘 익는 벼를 베고 계셨습니다. 왜 벼를 벌써 베시냐고 여쭤보니, 쓰러진 것 세우느니 베는 것이 낫다고 하셨습니다. 그래서 저도 덩달아 들어가 쓰러져 있는 벼를 베기 시작하였습니다. 정말 오랜만에 낫으로 베어 보는 벼였습니다. 예전에 중학교 때까지 집에서 농사일을 도우면서 벼를 벤 것 같은데 그 이후로는 군 생활 때 대민지원 나가서 몇 번 벤 것이 전부였고, 요즘은 콤바인으로 벼를 베기 때문에 낫으로 벼를 베기란 쉽지 않습니다.

수업 시작하는 시간 오후 3시가 가까워지니 회원들이 하나둘씩 모여들기 시작하였습니다. 그래서 우리도 잠시 쉴 겸 논 밖으로 나갔는데 회원들이 준비한 먹거리를 보니 어떤 분은 참치를, 어떤 분은 병천순대를, 또 어떤 분은 북어포를 또 어떤 분은 건빵을, 여러 가지 술안주와 술도 다양한 종류의 막걸리를 하나둘씩 가져왔습니다.

어느 정도 술과 안주를 맛있게 먹고 본격적으로 논에 물 빼기 작업을 하였습니다. 아직도 물이 많아서 무릎까지 발이 빠졌습니다. 이곳저곳 돌아다니면서 물꼬를 내고 물이 빠질 수 있도록 논에 물고랑을 내어 주었습니다.

본격적인 벼 베기는 10월 12일 일요일에 아침 10시부터 베기로 하였으며 벼를 베는 것과 동시에 발로 구르면서 하는 드럼 탈곡기를 사용하여 직접 탈곡

을 하기로 하였습니다. 그동안 농사를 3년 동안 지어오신 반장님은 쌀이 수확
되는 모습에 자못 흥분된 목소리로 기계가 아닌 손으로 직접해보는 것도 의미
있는 것이라며 강력히 주장을 하십니다.

〈사진 162〉 물 빼기할 논으로 가는 길

〈사진 163〉 논에 물꼬 만들기

논 학교 벼 베기와 탈곡

오늘은 논 학교에서 재배된 벼를 베는 날입니다. 어제는 칠보산마을에서 진행하는 논 놀이터 벼 베기를 하여서 조금 피곤하였지만 그래도 논 학교의 벼 베기가 있어 피곤한 몸을 이끌고 논에 벼를 베러 나왔습니다. (사실은 오전에 벼를 베기 시작한다고 하여서 일찍 나가려고 했지만 아침에 일어나지 못해서 오후에 나왔습니다.) 오전부터 벼 베기를 하는 사람들에게 조금 미안한 마음에 홍천에서 찰옥수수로 만든 막걸리 2병을 사 들고 논 학교에 벼를 베러 갔습니다. 오전부터 벼 베기 작업을 하고 점심식사를 마치고 휴식을 취하고 있는 중이었습니다. 한쪽에서는 반장님이 발을 구르며 탈곡기로 벼를 탈곡하고 계셨습니다. 예전에 농부들이 사용하던 발로 밟은 드럼통 탈곡기를 어디서 구해 왔는지 그것으로 열심히 탈곡 작업을 하고 계셨습니다.

옛날 어린 시절에 벼를 탈곡할 땐 홀테를 이용하였습니다. 마당한가운데에 덕석을 깔고 빙 둘러서 동네 아줌마들이 홀테를 가지고 와서 하루 내내 탈곡을 하였는데 그 뒤에 나온 탈곡기계가 발로 밟는 탈곡기, 그 뒤에는 경운기에 연결하여 돌리는 탈곡기, 그 뒤에는 콤바인이 나와서 벼 베기와 탈곡을 한 번에 할 수 있는 혁명적인 농기계가 나왔습니다. 덕분에 농촌에는 많은 일손이 필요하지도 않게 되었습니다.

지금 생각해보면 벼 베기와 탈곡만이 아닙니다. 농업 전반적인 분야에서 기계화를 이루는 것이 가장 효과적이라 할 수 있는데 그중 논농사에 농기계를 적용하는 것은 과히 농업에 있어서는 혁신이라 해도 과언은 아닙니다.

하여튼 광교 논 학교는 옛날 농사 방식으로 벼농사를 지었습니다. 무농약·무화학비료는 기본이고 잡초를 제거할 때도 일일이 사람이 손으로 뽑아야 하고, 모내기도 손모, 벼 베기도 낫으로, 탈곡도 발로 밟아서 하는 탈곡기를 이용하여 작업을 한 것입니다.

오늘은 벼 베기에 많은 지원자가 있었습니다. 오전에는 도시학교, 경기대학교 동아리에서 2팀이 와서 벼를 많이 베었으며, 오후에는 안양 YMCA에서 고등학생들이 와서 벼 베는 것을 도와주었습니다. 하지만 초보자들이다 보니 벼 베고 옮기고 하는 것들이 썩 맘에 들지는 않았지만 일손이 부족한 마당에 그것도 감지덕지하였습니다. 덕분에 광교 논 학교에 있는 벼를 모두 벨 수 있었으며, 전에 베 놓은 벼 탈곡을 마치고, 논두렁에 심어 놓았던 콩들을 뽑아서 당수동 텃밭보급소 비닐온실로 옮겨서 관리를 하기로 하였습니다.

이것저것 정리하다 보니 벌써 해는 지고 귀가하는 광교산 등산객들과 겹쳐 차도 막히고 돌아가는 길이 여간 힘든 게 아니었습니다. 다행인 것은 오늘 자원봉사자들이 많아서 수월하게 벼 베기를 하였습니다.

〈사진 164〉 논 학교 벼 베기

〈사진 165〉 벼 베기를 끝낸 논

〈사진 166〉 벼 탈곡 체험

〈사진 167〉 벼 탈곡 후 모습

〈사진 168〉 가마니에 담기

〈사진 169〉 짚 쌓기

논 학교 수료식

11월 16일 오전 11시부터 당수동 시민농장에서 논 학교 수료식을 거행하였습니다. 수료식에 앞서 각자 준비해온 농산물과 물건들을 가져와서 아나바다 장터를 열고 음식과 떡을 나눠주고, 새끼줄 꼬기, 풍물놀이를 하며 즐거운 시간을 가졌습니다.

그리고 드디어 수료식 시간이 되었습니다. 수료장과 생산된 쌀 반 말씩 학생들에게 나눠 주었습니다. 하지만 저를 포함한 총 15번의 강의에 3번 이상 결석을 한 사람은 수료장을 받지 못했습니다. 아마 내가 3번 이상 결석을 하였나 봅니다. 수료장을 받지 못해 서운한 맘이 매우 컸습니다. 정식 수업시간에는 몇 번 빠졌지만 번개가 있을 때마다 여러 번 참석하여 일을 많이 했는데 번개는 해당되지 않고 정식 수업시간만 인정이 된다고 합니다.

하여튼 수료장을 받지 못해서 조금은 섭섭함을 감출 수가 없었습니다. 하지만 규정이 있어서 그런 걸 어찌하겠습니까? 받아들여야지요. 물론 저뿐만이 아니고 수료장을 받지 못한 몇몇 회원들도 있었는데 아마 서운한 감정은 같았을 것입니다.

〈사진 170〉
즉흥적인 풍물놀이
배우기

〈사진 171〉
새끼줄 꼬기 체험

〈사진 172〉 수료증 수여

199

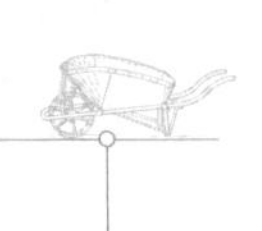

〈사진 173〉
논 학교 기념사진

〈사진 174〉
논 학교 경과보고

〈사진 175〉
졸업식날 떡잔치

3. 논 놀이터 체험프로그램 운영

칠보산마을연구소 '칠보 논 놀이터' 부지 선정

　지난해부터 논을 통한 체험과 교육을 고민하던 칠보산마을연구소에서는 '논 놀이터'를 기획하게 되었습니다. 1년 동안 논에서 다양한 놀이문화와 체험을 통하여 자연스럽게 논의 생태계 관찰, 벼의 생육과정, 쌀의 생산과정, 농부님들의 수고를 직접 접하여 쌀의 소중함을 느낄 수 있는 좋은 기회가 될 것입니다.

　'칠보 논 놀이터' 기획을 하고 난 후 가장 먼저 준비해야 될 것이 벼를 심고 가꿀 경작지를 구하는 것이었습니다. 동네 사정과 자목마을과의 유대관계를 고려하여 논을 구하는 것은 칠보마을연구소 맞장구님의 적극적인 섭외활동으로 드디어 '칠보 논 놀이터'를 구하게 되었습니다.

　'칠보 논 놀이터'는 자목마을 통장님의 협조 아래 자목마을 경로당 앞에 위치한 논으로 입지가 정말 좋은 장소이며, 논의 크기는 약 400평 규모입니다. 더구나 논 옆에는 넓은 논두렁이 있어 이곳에서 체험행사를 할 때 돗자리를 깔고 놀기에는 충분한 공간이 있었습니다. 또한 논 옆에는 넓은 도랑이 있어 이곳에서 하천의 생태계를 관찰할 수 있는 정말 좋은 조건의 논 놀이터를 구했습니다.

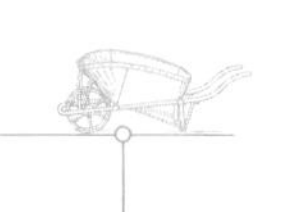

　논의 토양에 대해서는 잘 알지 못하지만 최근에 객토를 하여 토양의 상태는 그리 좋지 않은 것 같았습니다. 그래서 거름을 많이 줘야 할 것 같습니다. 친환경재배를 한다는 우리 의견에 통장님께서는 친환경재배보다는 농약이나 화화비료를 조금은 사용하는 방안을 추천하셨습니다. 하지만 우리들은 일단 친환경재배로 하고 싶다고 다시 한 번 말씀드리니 그렇다면 다음 주에 소똥과 거름을 내다 놓겠다고 하셨습니다.

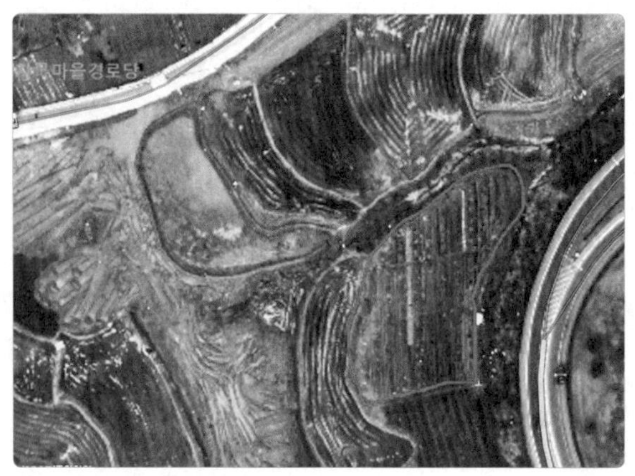

〈사진 176〉 임대한 논의 위성사진

〈사진 177〉 객토한 논

볍씨 소독하기

볍씨소독은 논 주인이신 통장님 댁에서 진행되었는데 볍씨 종자는 경기도 농업기술원 종자보급소에 받아온 '추청벼'입니다. 볍씨를 소독을 하지 않으면 키다리병, 깜부기병 등에 걸리기 쉬워서 반드시 소독을 해야만 한다고 합니다.

볍씨 소독 및 담그기는 약 7일 정도 진행되는데 처음 3일 동안 물을 갈아주지 않고 그대로 유지하여 담가 놓습니다. 볍씨를 처음에 물에 넣어 물 위에 뜨는 볍씨는 쭉정이로 걷어내어야 합니다. 종자가 나쁘면 싹트는 벼도 좋지 않기 때문에 우량종자를 선별하여 기르는 것입니다. 그리고 3일이 지난 후부터는 물을 하루에 한두 번씩 갈아줘 볍씨가 불게 만들어 싹이 쉽게 나올 수 있도록 도와줍니다.

〈사진 178〉 소독약을 묻혀서 보급된 볍씨(추청벼)

203

〈사진 179〉
물통에 볍씨 붓기

〈사진 180〉
뜨는 벼를 분리하여
우량종자 선별

〈사진 181〉
볍씨 담긴 용기 3일간
보관하기

논에 거름주기

　오늘은 아침 일찍 논 놀이터에 거름을 주기로 하였습니다. 논에 화학비료를 사용하지 않고 농사를 짓는다고 했더니 논 주인께서 화성에서 쇠똥을 구해 오셔서 논에 놓았다고 하여 그것을 뿌리러 아침 일찍 맞장구와 함께 논에 갔습니다. 그런데 아이쿠 누가 벌써 다 뿌려 놓았습니다. 나중에 논 주인 님께 전화를 해보니 논 주인께서 하셨다고 하였습니다. 또한 소똥 거름만으로는 불안하신지 친환경자재인 펠릿 2포를 사다가 뿌려놓았다고 하셨습니다.

　작년에 논이 척박하여 올해는 화화비료를　사용하여　농사를 지으시려고 하셨던 것을 우리가 친환경재배로 농사를　짓는다고 하니깐 생산량이 적을까봐서 걱정이 되셨나 봅니다. 그리고 논 둘레로 로터리를 해놓으시고 배

〈사진 182〉 논에 부려진 거름(소똥)

수로도 만들어 놓으셨습니다. 말이 논을 준비하는 것이지 모두 다 해주셨습니다. 정말 농사를 지으려면 논 옆에 있어야 하겠다고 느꼈습니다. 나와 같이 주말에만 농사를 지으려면 아마 속이 답답해서 농사를 짓기 힘들 겁니다. 예전에 우리가 주말에 와서 작업을 할 테니 일정과 작업내용을 알려 달라고 했는데도 불구하고 그것을 참지 못하고 직접 하시니 미안한 맘이 너무 큽니다.

모판 만들기

칠보 논 놀이터 모판 만들기를 4월 19일 이른 아침 8시부터 자목마을 경로당 앞에 '논 놀이터' 옆에서 맞장구, 달 님, 통장님과 함께 하였습니다. 일반적으로 논 1마지기(200평)에 15개의 모판이 필요한데, 우리 논 놀이터는 400평이라서 약 35개를 준비하였습니다. 또한 투모(손으로 모를 던져 심는 것)를 하기 위해 별도의 모판 25개를 준비하였으며, 통장님 모판까지 준비를 해서 약 130여 개의 모판을 만들었습니다.

모판 만드는 방법은 먼저 모판에 흙을 적당히 채운 뒤 그 위에 물을 흥건히 뿌려준 뒤에 그동안 싹을 틔운 볍씨를 뿌리고 그 위에 흙을 덮으면 모판이 완성됩니다.

완성된 모판은 한쪽에 쌓아서 비닐로 덮어 2~3일 정도 싹을 더 틔운 뒤에 논에 못자리로 옮겨집니다. 옮겨진 모판은 못자리에서 약 25~30일 정도 모를 더 길러 논에 옮겨심는데 이것을 '모내기'라 합니다.

모판 만들기: 모판에 흙 채우기(중간 정도) → 물 주기 → 볍씨 뿌리기 → 모판에 흙 채우기 → 모판 쌓아 싹 틔우기 → 비닐도 보온하기 → 못자리로 이동

〈사진 183〉 싹을 띄워 준비된 볍씨

〈사진 184〉 흙이 채워진 모판에 물주기

〈사진 185〉 모판에 볍씨 뿌리기

〈사진 186〉 볍씨를 부려서 대기중인 모판

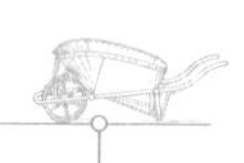

〈사진 187〉 볍씨가 뿌려진 모판에 윗 흙을 덮기

〈사진 188〉 윗 흙을 덮어 쌓아 놓은 모판들

〈사진 189〉 모판 작업 후 쌓아 놓은 모습

〈사진 190〉 모판을 비닐로 잘 덮어 마무리

칠보 논 놀이터 설명회 및 둠벙 만들기

'칠보 논 놀이터' 계획 설명회를 칠보 자목마을 경로당 앞 정자에서 가졌습니다. 놀이터에 참여 의사를 보낸 회원들을 대상으로 첫 모임이 열렸으며, 1년 간의 논 놀이터 운영에 대한 설명을 하고 난 후 논 생명체의 보금자리인 둠벙 (연못)을 만들었습니다. 둠벙 만들기에 참여한 여러 회원분들께 깊은 감사를 드립니다. 논 한쪽 귀퉁이에 웅덩이는 깊이 50~60cm 정도 팠으며 삼각형의 모양을 갖추었다.

지난 4월 20일 칠보산마을연구소의 '칠보 논 놀이터' 설명회와 둠벙 만들기 행사 내용이 경기타임스에 게재되었습니다.

〈사진 191〉 칠보산 논 놀이터 운영 계획 설명회

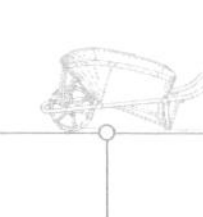

〈사진 192〉
논 놀이터 둠벙 만들기 1

〈사진 193〉
논 놀이터 둠벙 만들기 2

〈사진 194〉
논 놀이터 현수막 만들기

〈사진 195〉 칠보 논 놀이터 현수막 완성

〈사진 196〉 경기타임스에 게재된 기사

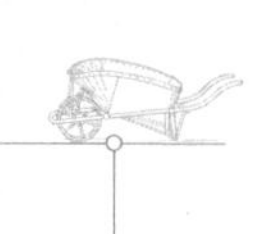

못자리 만들기

오늘 아침 일찍 '논 놀이터'에 심을 못자리를 하였습니다. 논 주인이신 통장님과 7시에 약속을 하고 칠보놀이문화센터에서 맞장구님을 태우고 서둘러서 논에 갔는데 아직 7시가 안 되었는데 벌써 통장님은 나오셔서 절반은 해놓고 계셨습니다. 지난 토요일에 모판을 만들어 쌓아 놓은 것을 논에 넣은 작업인 못자리를 하였습니다.

우선 모판 놓을 곳의 땅을 고르게 고른 다음 그 위에 준비된 모판을 일렬로 놓습니다. 모판을 논에 바로 놓으면 뿌리가 삐져나와서 나중에 모판을 떼어낼 때 힘들기 때문에 바닥에 비닐을 깔고 사용하든가 아니면 모판에 구멍이 적은 것을 사용하면 뿌리가 논에 깊숙이 박히는 것을 방지할 수 있다고 합니다. 우리는 모판에 구멍이 작은 것을 사용하였고, 투모용은 밑에 구멍이 커서 바닥에 비닐을 깔고 작업을 하였습니다.

모판을 일렬로 논에 넣은 다음에 그 위에 보온과 햇빛을 차단, 건조방지 등을 위해 부직포를 덮어 놓고 물을 적당히 대어주면 끝입니다. 물이 너무 많이 대어주면 모판에 물이 고여 씨가 썩기 때문에 처음에는 적당하게 물을 대어주는 것이 포인트입니다. 모판은 못자리에서 20~25일 동안 키우고 본 논에 옮겨 심는 모내기는 5월 하순경에 진행될 예정이다.

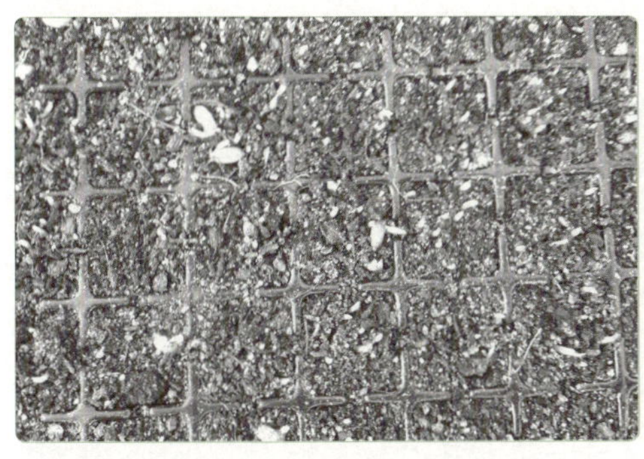

〈사진 197〉 쫑긋쫑긋 돋아나는 모판 위의 새싹

〈사진 198〉 모판을 논에 일렬로 놓기

〈사진 199〉 부직포가 날아가지 않게
흙으로 눌러주기

〈사진 200〉 완성된 못자리

못자리 둘러보기

지난 4월 22일에 못자리를 만든 지 약 10일이 지났습니다. 모가 잘 크고 있나 궁금하기도 해서 아침 일찍 못자리를 둘러보았습니다. 모판 위에 덮어 놓은 부직포가 볼록하게 나와서 자세히 보니 파릇파릇한 색이 보였고 살짝 열어 보니 모가 엄청 많이 자랐습니다. 약 7~8cm는 족히 되어 보입니다. 그래도 아직은 부직포를 열어주기에는 날씨가 쌀쌀하여 그냥 그대로 덮어 두는 것 같습니다.

〈사진 201〉 7~8cm 잘 자라고 있는 벼 모종

둠벙에 물 댄 날

　지난 첫 모임에 회원들이 직접 만들었던 둠벙에 생명을 불어 넣는 물 대기 작업을 하였습니다. 물을 댄 후에 둠벙 안에 창포와 연근을 '논 학교'에서 얻어와 심었습니다. 그리고 이곳에 미꾸라지와 우렁이, 붕어 등을 넣을 계획입니다. 이곳에서 논 생명체의 근원이 되기를 기대해 봅니다.

〈사진 202〉 둠벙에 물 대기

〈사진 203〉 둠벙에 창포 심기

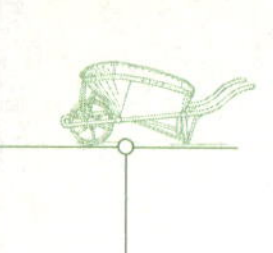

모내기 준비 1

지난 4월 20일에 만들었던 못자리에 많은 변화가 생겼습니다. 우선 부직포로 덮어 두었던 모판의 적응을 위해서 부직포를 걷어내었습니다. 그리고 논에도 1차적으로 써레질을 하여 모내기 준비를 하였습니다.

'칠보 논 놀이터'에 모내기는 5월 24일 10시에 진행될 예정입니다. 그전에 써레질을 하고 물을 가둬 둬야 하며, 잡초 방지를 위해서 물을 대어 놓기도 합니다.

아침 일찍 못자리에 가보았더니 논 주인이신 통장님께서 이미 당신네 논에는 모내기를 마치셨습니다. 그리고 못자리의 모판들을 우리 논 놀이터로 다 옮겨 놓으셨습니다. 모내기하실 때 꼭 연락해 주시라고 했는데 번거로워 하셨던지 연락 없이 모판을 모두 옮겨 놓으셨습니다.

우리 논 놀이터에도 모내기를 다음 주 토요일에 시작하려고 합니다. 모내기를 위해서 준비해야 할 일이 많습니다. 논두렁도 깎아야 하고, 모내기를 어떻게 할 것인가 계획도 세워야 하고, 논두렁 체험을 위해서 그늘이 필요한데 그늘막도 쳐야 합니다.

〈사진 204〉 써레질 후의 물 댄 논

〈사진 205〉 손모를 내기 위해 모판을 옮겨 놓은 논

모내기 준비 2

5월 24일 칠보 논 놀이터 모내기를 위해서 여러 가지 준비를 하였습니다. 먼저 모내기를 하러 와서 햇빛을 피할 수 있는 그늘막을 설치하였습니다. 그늘막 설치를 위해서 기둥을 세워야 했고 그 위에 차광막을 고정하였습니다. 작업에는 맞장구님이 수고를 해주셨습니다. 그리고 투모를 위해서 논에 과녁(?)을 설치하였고, 정성 어린 손모를 위해서 모판을 군데군데 놓았으며, 모내기하러 온 사람들이 논두렁에서 휴식을 취할 수 있도록 논두렁에 풀을 베는 작업을 간단히 하였습니다.

〈사진 206〉 완성된 논두렁 위의 그늘막

〈사진 207〉
투모를 위해 과녁을
설치 중

〈사진 208〉
완성된 과녁

〈사진 209〉
손모를 내기 위해
준비된 모판들

모내기 날

드디어 칠보산마을연구소 논 놀이터에 모내기를 하였습니다. 아침 일찍부터 분주하게 이것저것을 챙겨서 논 놀이터로 갔습니다. 그런데 벌써부터 나와서 논두렁에 앉아 있는 분도 많았고 집결 장소인 자목마을 경로당 정자에서는 풍물놀이패가 준비를 하고 있었습니다.

〈9시 30분〉

맞장구님을 선두로 풍물패가 흥겨운 가락을 앞세워 논둑길을 따라 칠보 논 놀이터로 이동을 하였습니다. 그리고 논에 도착하여 신명나게 한차례 풍물패가 흥을 돋우어 주었습니다.

〈10시 00분〉

준비해온 떡과 술, 명태포를 놓고 고사를 지냈습니다. 1년 동안 아무런 사고 없이 풍년을 기원하는 고사를 지냈습니다. 고사는 맞장구님이 축원문을 낭송으로 시작하였으며, 달님, 맑음, 자작나무 등 관계자 여러 사람들이 차례로 인사를 올렸습니다.

〈10시 20분〉

자작나무 선생님의 지도로 하천학교 학생들과 함께 논에 들어가 천천히 걷기와 투모놀이로 어린이들이 모내기를 시작하였습니다.

그리고 중간의 공간을 이용하여서는 각자 집에서 가져온 눈썰매를 논에서 타는 논썰매 끌기를 하였습니다. 질퍽한 논바닥에서 엄마 아빠가 끌어주는 썰매타기는 정말 재미있게 보였습니다. 오늘의 야심작이기도 했습니다. 온몸을 논에 던지고 싶었던 것이죠ㅎㅎㅎ

〈11시 00분〉

어린이들 모내기가 끝나고 둠벙에 미꾸라지를 풀어주는 시간을 가졌습니다. 어린이들에게 각자 1마리씩 나눠주고 둠벙에 풀어주는 것으로 미꾸라지를 자작나무 선생님이 나눠주는 동안에 미꾸라지기 손에 빠져나가서 울상이 된 아이들도 많았습니다. 그리고 조금 전에 풀어주었던 미꾸라지를 손으로 잡기 체험을 하였습니다. 미꾸라지가 쉽게 잡히지 않았지만 조그만 둠벙 안에 즐거워하는 아이들로 꽉 찼습니다.

〈11시 20분〉

드디어 이제는 어른들이 나설 차례입니다. 어른들은 3분의 2 이상 남은 논에 모내기를 하였습니다. 처음 모내기에 대한 간단한 설명과 모내기 방법 등을 설명한 후 본격적으로 모내기를 하였습니다. 1시간 정도 허리 한 번 안 펴고 모내기를 하니 논에는 어느새 모로 가득 찼습니다.

〈13시 10분〉

모내기 완료 후 그늘막에 앉아서 시원한 수박과 막걸리를 마시며 힘들여 모내기를 하였던 논을 보니 흐뭇한 마음에 막걸리가 더욱 맛있었습니다.

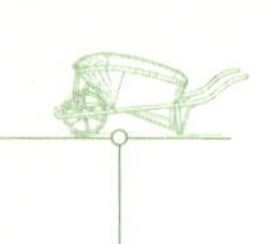

〈13시 50분〉

모내기를 완료한 후 음식을 나누며 추장님께서 특별히 준비한 기타반의 특별 축하공연이 진행되었습니다. 앵콜에 따라 3곡을 불렀으며 준비한 기타반 여러분께 감사를 드립니다.

그리고 청소년 기자단의 스마트폰을 이용한 최신 유행가를 들으니 노동으로 힘들어 했던 피로가 싹~~ 가시는 것 같았습니다.

〈14시 40분〉

그동안 준비해온 걸개그림과 달님이 특별히 정성을 기울여 만들은 간판을 칠보산 논 놀이터 입구에 설치 고정하여 영역을 표시함으로써 모내기 행사를 마쳤습니다.

〈사진 210〉 풍물패가 논둑길을 따라 이동

〈사진 211〉 무사고와 풍년을 기원하는 고사

〈사진 212〉 참여자의 논 걷기와 투모놀이

223

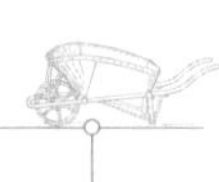

〈사진 213〉 논썰매 타기

〈사진 214〉 둠벙에 미꾸라지 넣어주기

〈사진 215〉 어린이들의 모내기 체험

〈사진 216〉 어른들의 모내기 체험

〈사진 217〉 모내기 후의 기타반 축하공연

〈사진 218〉 칠보 논 놀이터를 지키게 될 솟대

〈사진 219〉 칠보 논 놀이터 현수막과 입간판

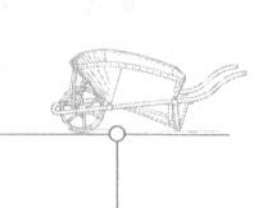
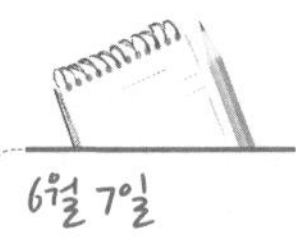

논두렁에서 바비큐 파티

지난주에 번개로 논 놀이터 회원들에게 바비큐 파티를 하자고 제안을 했는데 연휴가 길어서인지 참여하는 회원이 많지 않았습니다.

그래도 새롭게 참여해주신 수원신문 대표님, 예림이네 가족, 자작나무, 박경선님 그리고 달님, 맞장구님, 손수 찾아오신 수원화성박물관장님 등 많은 분들이 참여해주셔서 한때 즐거운 시간을 가졌습니다. 특히 새롭게 회원이 되어주신 수원신문 대표님께서 가져오신 '동충하초와 '돌버섯 다당술' 막걸리 등을 가져오셔서 찬사(?)를 한 몸에 받으셨습니다.

이렇게 논 놀이터에서 한때 즐거운 바비큐를 한 것은 논 놀이터에 모내기를 한 지 2주가 되어 가는데 한 번도 들러보지 못한 회원님들을 위해서 바비큐를 빌미로 찾아 왔으면 하는 바람에 생각하게 되었습니다(공지는 논 놀이터 회원을 중심으로 전달). 논에서 잘 자라고 있는 모들을 보면서 좀 더 발전적인 이야기들과 바쁘게 돌아가는 생활을 잠시 잊고 즐거운 시간을 보낼 수 있어서 너무 좋았습니다. (이번에 참석치 못한 회원들께서는 자유롭게 논 놀이터를 찾아주셔서 그늘막 아래에서 가족 간의 도시락이나 고기를 구워 먹는 것도 괜찮을 듯합니다. 자주 논에 찾아서 잘 자라고 있나 사랑을 듬뿍 주세요. 들녘의 작물들은 주인의 발자국소리를 듣고 자란다고 합니다.)

〈사진 220〉 맛있게 익어가는 바비큐

〈사진 221〉 논두렁에서 바비큐

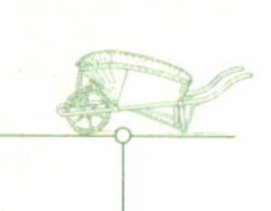

논두렁 콩 심기와 김매기

오늘 6월 15일은 논 놀이터 두 번째 행사인 콩 심기, 김매기, 원두막 짓기 등 3개의 계획이 잡혀 있었습니다.

재료가 준비되지 않은 원두막 짓기는 다음으로 미루고 콩 심기와 김매기를 하였습니다. 오늘 콩 심기와 김매기에 참석한 회원 및 비회원은 50여 명이었으며 아이들은 실제 콩 심는 작업과 김매기를 위해 논에 들어가 걸어가는 것을 너무나 즐거워하였습니다.

콩 심기는 콩 모종과 콩 종자로 파종을 함께하려고 했으나 콩 모판의 모종이 많아서 씨앗으로 파종하는 것은 생략을 하였습니다.

일반적으로 논에 콩을 심는 것은 바람이 잘 통하고 수분율이 높아 콩의 생산량이 많아지는 것도 있지만 옛날에는 논에 모만 길러서 쌀을 생산하는 것보다 빈 공간에 콩을 심어서 부가가치를 높일 수 있어서 콩을 논두렁에 많이 심었으며, 또한 논두렁을 정리하고 콩을 심어서 논두렁이 허물어지는 것을 방지하는 목적도 있었다고 합니다. 일반적으로 콩은 어느 정도 자라면 순지르기를 해줘야 합니다. 순지르기를 해주지 않으면 웃자라기만 하고 열매가 맺히지 않아 빈 콩깍지만 생기는 경우가 많습니다. 콩 모종을 옮겨심는 방법은 먼저 모종을 옮겨심을 구멍을 파고 그곳에 물을 준 다음에 콩 모종을 넣어 잘 다독여 주면 됩니다.

칠보산 주변에는 고라니가 많이 산다고 합니다. 고라니는 콩과 같이 순이 연한 부분만을 뜯어 먹는 습성이 있어서 새싹이 돋아난 후 얼마 되지 않은 새순을 뜯어 먹어 작물의 피해는 주는 경우가 많다고 합니다. 그래서 우리는 콩 모종 심는 논두렁 주위에 빨간색 노끈을 매어 고라니가 오지 못하게 해놓았습니다.

김매기는 벼 재배기간 중에 2~3번 정도 해주는 것이 좋은데 요즘은 노동력이 줄어들고 농업 인구의 노령화로 제초제를 많이 사용하여 잡초를 억제합니다.

하지만 우리 논 놀이터는 농약과 화학비료를 사용하지 않고 벼를 재배하는 방법을 선택

〈사진 222〉 논두렁에 심을 콩 모종

하여 실천하고 있습니다. 여기에는 논 놀이터 회원님의 적극적인 참여와 손길이 요구되는 부분이기도 합니다. 김매기의 목적은 실제로 잡초를 제거해주는 일차적인 목적도 있지만 뿌리의 분얼을 도와줄 수 있도록 손가락으로 포기와 포기 사이의 흙을 걷어내어 줍니다. 그렇게 함으로써 산소공급량을 높여 뿌리가 호흡을 하는 것을 도와줍니다.

논 놀이터 주인이신 통장님의 설명이 끝난 후 전체 벼 이랑 4줄 정도의 사이에 한 명씩 들어가 앞으로 나가면서 김매기를 하였습니다. 아이들도 함께하며 벼가 잘 자라는 방법, 김매기를 해야 하는 이유 등 많은 내용을 실제로 체험함으로써 몸으로 느낄 수 있었을 것 입니다.

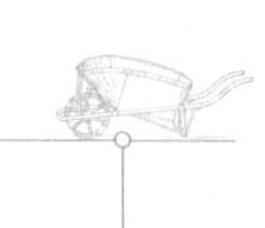

〈사진 223〉
콩 심기 시범을
보이시는 통장님

〈사진 224〉 논 놀이터 회원들의 콩 심기 체험

〈사진 225〉
30cm 간격으로
심어진 콩 모종들

〈사진 226〉 김매기 시범

〈사진 227〉
회원들의 김매기 체험

논 주위 생명체 관찰하기

논 놀이터 세 번째 행사가 7월 13일 논 놀이터에서 실시되었습니다. 주요 내용은 1) 논 생명체 관찰하기, 2) 김매기, 3) 논두렁 풀 깎기, 4) 회원들 간의 인사하기 등으로 진행하였다.

아침 일찍부터 일어나서 그늘막을 설치하고 그늘막 주변 풀이 엄청 자랐기에 낫으로 3시간 동안 베었습니다. 그래서 회원들이 참석하면 돗자리를 깔고 쉴 수 있도록 준비를 하였습니다.

논 생명체 관찰에 있어서는 벼를 중심으로 논과 논두렁에서 자라고 있는 다양한 식물체에 대해서 알아보았습니다. 설명은 통장님께서 맡아주셨습니다. 논과 논두렁에서 사는 식물들은 자생적으로 살아가는 것이 있는 반면에 인위적으로 재배되어진 것이 있습니다. 어떤 목적을 위하여 인위적으로 재배되어진 작물 외에는 모두 베어집니다. 우리 사람들도 마찬가지 일 것 같습니다. 필요로 하는 사람과 보호받으며 활동하는 사람, 과연 나는 어떠한 존재일까요?… 음 많은 생각을 하게 됩니다.

〈사진 228〉 둠벙의 생물체 관찰

〈사진 229〉 논두렁 주변의 자생식물 관찰

〈사진 230〉 논두렁에서 탐스럽게 익어가는 호박

〈사진 231〉 피를 설명해 주시는 통장님

논두렁 풀 깎기

오늘은 칠보 논 놀이터 논두렁의 풀을 깎기 위해서 회원들에게 번개를 했지만 휴가철이고 더운 여름날 작업이 힘들었던지 추장과 달님 외에는 참여자가 저조하였습니다. 아침 일찍 서둘러서 논 놀이터로 갔는데 벌써 통장님과 추장님이 나와서 기다리고 계셨습니다. 통장님께 제초기를 빌려서 바로 논 놀이터로 가서 논두렁의 풀을 깎기 시작했습니다. 추장

〈사진 232〉 풀이 무성하게 자란 논두렁

님은 콩 사이의 풀을 낫으로 조심스레 베었습니다. 한참을 풀을 깎다 보니 달님도 나와서 논두렁 주위의 옥수수를 따며 일손을 도와주었습니다.

그렇게 작업을 2시간 정도 열심히 작업을 하니 목도 마르고 힘이 들어 쉬면서, 준비해온 여주볶음과 김치를 안주 삼아 막걸리를 먹었는데 땀 흘린 뒤의 막걸리 한 사발은 정말 꿀맛(?)이었습니다. 조금 있으니 여배우 가족과 맑음이 아이들과 함께 와서 점심메뉴로 수제비 요리를 하였습니다. 논두렁에서 즉석으로 만든 수제비 맛은 일품이었습니다.

237

〈사진 233〉
콩 사이의 풀을
깎고 있는 추장님

〈사진 234〉
제초기로 풀 깎기

〈사진 235〉 깨끗해진 논두렁

벼꽃이 피었어요

　8월 말에 논 놀이터 벼꽃이 만발하였습니다. 벼꽃은 오전 10부터 오후 2시가 최고조라고 합니다. 벼 껍질이 벌어지면서 수술이 나와서 고개를 숙이면서 벼 껍질 안에 있는 암술에 꽃가루가 닿아서 수정이 일어나는데 그 시간이 3~4시간 걸린다고 합니다. 수정 이후에는 다시 벼 껍질이 닫혀서 탄수화물이 저장되어 알맹이가 차기 시작합니다.

〈사진 236〉 아름다운 벼꽃

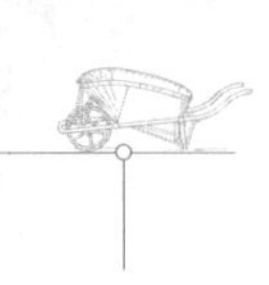

9월 20일

허수아비 만들기 체험

9월 20일 칠보 논 놀이터 다섯 번째 체험 프로그램인 허수아비 만들기 체험을 하였습니다. 체험 준비를 위해 논두렁에 풀이 너무 자라서 1주일 전부터 깎으려고 제초기를 빌렸으나 제초기가 고장이 나서 풀을 깎지 못해 걱정을 하였는데 논 지기이신 통장님께서 깨끗하게 논두렁을 깎아 주셔서 죄송할 따름이었습니다.

허수아비 만들기 체험은 50여 명의 참석하여 각 가족마다 준비해온 헌옷과 나무를 이용하여 각자 재미있고 재치 있는 허수아비를 만들어 주었습니다. 나무는 주최 측에서 준비를 하였고 나무를 잘라 주는 것은 참여해주신 아빠들이 수고를 해주셨습니다. 특히 서울에서 참여해주신 최윤희 선생님과 함께 온 미국 큰아들(?) 스펜서군이 처음으로 접하는 한국의 농촌문화행사 참여로 한결 활기차고 즐거웠습니다.

아이들이 허수아비를 만들면서 즐거워하는 모습과 잠자리 잡기에 여념이 없는 친구들, 준비해온 간식을 먹으면서 성큼 다가온 들녘의 가을을 만끽할 수 있었습니다.

참새야 물럿거라~~~ 이얍~~~ 히~~~

무엇보다 논에서 썰매를 타고 모내기를 했던 모들이 벼들이 되고 알맹이가 꽉꽉 차서 모두들 고개를 숙이고 있어 풍년을 기대하니 더욱 마음이 훈훈해 오는 것 같았습니다.

〈사진 237〉
허수아비 골격을 위해
나무 준비

〈사진 238〉
가족 단위로 허수아비
만들기

〈사진 239〉
완성된 허수아비

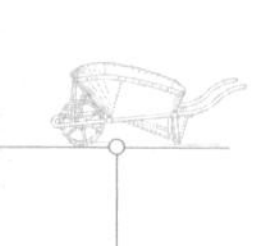

〈사진 240〉 가족 및 허수아비 소개하기

〈사진 241〉
칠보 논 놀이터를
지켜주는 허수아비

〈사진 242〉 기념사진

콩 수확

지난여름에 논두렁에 심어 놓았던 콩들이 익어 일부를 수확을 하였습니다. 콩을 수확하면 논두렁에서 구워 먹으려고 했는데 시간적인 여유가 없어서 그냥 수확하여 돗자리에 널어서 말렸습니다.

우리는 그저 심기만 했는데 콩들이 저절로 자라서 꽃이 피고 열매가 맺히고 익었습니다. 일부 콩들은 너무 익어 콩깍지가 벌어져서 콩이 튕겨나가는 것이 많아 익은 콩들은 수확을 하였습니다. 나머지 콩들은 오는 10월 11일에 벼 베

〈사진 243〉 논두렁에서 콩 까기

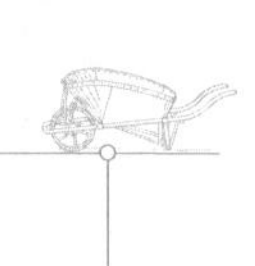

기 행사 때 콩 서리를 해서 즐거운 추억을 나누기로 생각하였습니다. 가을은 우리들에게 많은 것들을 돌려줍니다. 그 덕분에 물질적으로 풍성하고 맘도 인심이 나는 것 같습니다.

〈사진 244〉 실하게 잘익은 콩

'칠보 논 놀이터' 벼 베기 체험

지난 1년 동안 칠보 논 놀이터 벼농사의 수확을 10월 11일에 진행하였습니다. 당일 아침 일찍 일어나서 맞장구와 오늘 벼 베기 체험을 위해 이것저것 준비를 하였습니다. 아직은 햇볕이 강하여 논두렁에 차광막을 설치하고, 벼를 벤 뒤의 탈곡, 새끼 꼬기 등 준비를 하였습니다. 아침 6시 30분부터 시작한 벼 베기 체험 준비는 8시 30분이 넘어서야 끝났습니다.

오늘 벼 베기 행사는 하천학교와 함께 진행되어서 사람들이 무척 많았습니다. 먼저 칠보 농악단의 풍물패 공연을 계획했는데 풍물패 단원의 일정이 맞지 않아서 진행을 하지 못해 아쉬움이 큽니다.

벼 베기 행사 시작은 그동안 논 놀이터 주인이자 고생을 제일 많이 해주신 통장님께서 그동안의 재배과정과 쌀 소비, 친환경재배의 어려움 등 논농사에 대한 다양한 이야기를 해주셨습니다.

오늘 일정은 단순하게 벼만 베고 마는 것이 아니라 관찰과, 즐거움, 자연과 어울려서 놀기, 콩 서리 등 정말 많은 행사를 준비했습니다.

1. 관행농법에서 재배한 벼와 친환경재배에서 벼 이삭의 낱알수를 세어 비교
   → 관행농법으로 재배한 벼가 친환경 재배한 우리 논 놀이터 벼이삭에 비하여 약 20여 개 낱알이 많았습니다. 전체적으로 약 25% 수량이 적음을 알 수 있었습니다.

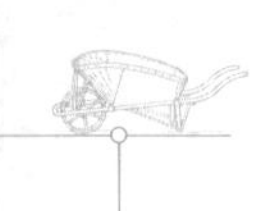

2. 벼 베기와 탈곡하기→ 논의 벼 베기는 아이들의 낫으로 벼를 베는 것이 위험하여 한 명씩 숙달된 조교가 낫으로 베었으며, 기념으로 한 묶음씩 가위로 잘라서 집에 가져가 오늘의 추억을 간직하도록 하였습니다.

3. 새끼줄 꼬기 체험→ 누가누가 새끼줄을 길게 잘 꼬았나? 하는 시합에서는 칠보초등학교 서준영군이 가장 길게 새끼를 꼬아서 1등을 하였습니다.

4. 백일장 대회→ 백일장 대회에서는 상촌초등학교 1학년 학생이 벼와 이삭을 이용하여 3차원적으로 멋지게 그린 그림과 느낌을 적어서 최우수상을 받았습니다.

5. 콩 구워 먹기(고구마 구워 먹기)→ 옆 논에서 짚단에 불을 피워서 콩과 고구마를 구워 먹었는데 그 맛은 정말 일품이었습니다. 모두들 처음으로 콩을 구워 먹어본 아이들은 입가에 그을음을 묻혀가며 맛있게 먹었습니다.

6. 토끼몰이/오리잡기→ 오늘의 하이라이트인 토끼몰이와 오리잡기는 생동감 그 자체였습니다. 원래 닭잡기를 하려고 했으나 너무 빠를 것 같아서 오리로 바꿔서 오리 잡기를 하였는데 뒤뚱뒤뚱 잘도 도망갑니다. 놀란 오리가 옆 개울로 들어가서 잠시 게임이 중단되기도 하였습니다. 이번 게임을 하면서 조금은 토끼와 오리에게 미안한 마음이 들었습니다.

7. 논두렁 공연→ 점심식사를 마치고 이곳저곳에서 바비큐 고기 굽는 냄새가 진동할 때 기타반의 축하 노래 공연이 있었습니다. 논두렁에서 맛있는 음식을 먹으며 노래를 듣는 재미도 정말 좋았습니다.

논 놀이터 벼 베기 행사가 아침 10시부터 오후 3시까지 장시간 진행이 되었지만 끝까지 남아서 함께해 주신 회원여러분들에게 감사한 마음입니다. 또한 청명한 가을날의 즐거운 하루를 보낸 것 같아 기분이 매우 좋았습니다.

마지막으로 지난 1년 동안 논에 모내기, 피사리, 콩 심기, 허수아비 만들기 등 직접 많은 체험에 참여하여 많은 추억을 쌓은 회원여러분들도 고생이 많았습니다.

〈사진 245〉 벼 베기 준비 작업

〈사진 246〉 벼 베기 체험을 위해 오는 길

도시농부 체험하기

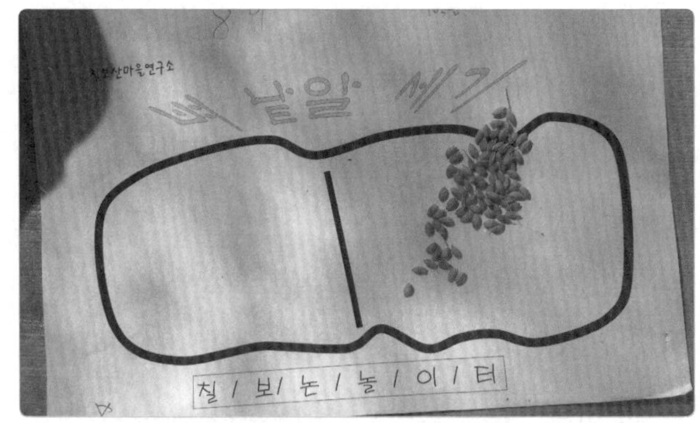

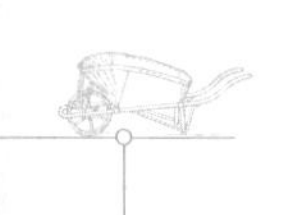

〈사진 247〉 벼이삭 낟알 세기

〈사진 248〉 벼 베기 체험

〈사진 249〉 베어온 벼를 홀테를 이용하여 타작하기 체험

〈사진 250〉 세끼줄 꼬기 체험

〈사진 251〉 백일장 대회 우승작

〈사진 252〉 토끼몰이 체험

〈사진 253〉 콩 구워 먹기 체험

〈사진 254〉 들녘에서 먹는 점심

칠보 논 놀이터 콤바인 작업

칠보 논 놀이터 벼 베기 체험이 지난 토요일(10월 11일) 끝나고 논 전체의 벼를 콤바인을 이용하여 수확하였습니다. 콤바인 작업을 하는 날은 수요일 평일이고 급한 회사 업무 때문에 연차를 내지 못하고 출근을 하였습니다. 벼는 잘 베었을까 걱정이 되었으나 다행히 맞장구님이 콤바인 작업하는 데 있어줘서 다행이었습니다. 오후 늦게서야 우리 논 놀이터의 벼를 베었고 수확된 벼 가마니는 제빈정미소에 옮겨 놓았다고 하였습니다.

퇴근시간을 맞춰 칼퇴근을 하여 논에 가보니 콤바인 작업은 모두 끝났고 수확된 벼는 정미소로 옮겨졌다고 하여서 정미소로 한걸음에 달려가 수확된 벼를 확인하니 기분이 너무 좋았습니다. 우리들의 힘으로 직접 모내기를 하고 김을 매고 직접 벼 베기를 하여 생산한 벼를 보고 있으니 말입니다.

톤백의 큰 자루에 하나가 나왔는데 정미소 주인의 말로는 쌀 4~5가마 정도는 나올 것 같다고 하였습니다. 농약과 비료를 전혀 사용하지 않고 재배한 것치고는 수확량이 좋은 것 같습니다. 당초에는 자연건조를 하기로 하였으나 너무 힘들고 관리가 힘들어서 그냥 정미소에서 건조기를 이용하여 건조하는 것으로 하였습니다. 건조 후에 도정체험을 하고 그날 회원들이 모여서 쌀밥 먹기를 진행할 예정입니다.

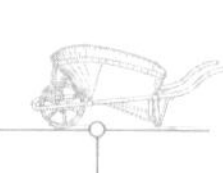

〈사진 255〉 논 놀이터에서의 콤바인 작업

〈사진 256〉 벼를 톤백에 옮겨 담기

〈사진 257〉 정미소로 옮겨진 벼 수확물

〈사진 258〉 수확이 끝난 뒤의 논 놀이터

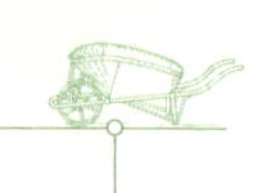
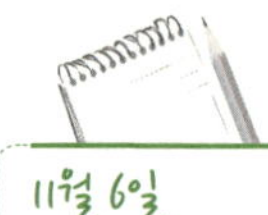

칠보 논 놀이터 쌀 브랜드 탄생

지난 1년 동안 칠보 논 놀이터에서 많은 회원들이 참석하여 둠벙 만들기, 모내기, 김매기, 논두렁 풀 깎기, 콩 서리, 벼 베기 등 재미있고 즐거운 논 놀이터에서 결실을 맺었습니다. 콤바인으로 수확하여 제빈정미소에 보관하여 오던 칠보 논 놀이터 벼를 드디어 11월 5일 도정작업을 하였습니다. 도정작업은 달님과 맞장구가 수고를 해주셨습니다. 통장님은 4가마니 나오면 많이 나온다고 말씀하셨는데 도정을 해보니 의외로 많이 나왔습니다. 쌀로 나온 분량은 5가마니 반(440kg)이었습니다. 그리고 쌀 브랜드 공모에 의하여 결정된 칠보산마을 쌀의 브랜드 로고가 찍힌 봉투가 도착하였습니다. 쌀봉투에 칠보 논 놀이터 쌀을 넣어서 내일과 모레(11월 7일~8일)까지 마을만들기에서 전시회를 한다고 합니다. 올해 논 놀이터의 큰 결실이라 할 수 있습니다. 쌀 봉투를 보니 괜히 기분이 좋습니다.

〈사진 259〉 도정 후 20kg 마대에 담긴 살

〈사진 260〉 '칠보산마을' 브랜드 쌀

칠보 논 놀이터 쌀밥 먹기

11월 15일 날 2014년 칠보 논 놀이터 '쌀밥 먹기 행사'를 실시하였습니다. 그동안 논 놀이터를 통해 이뤄진 여러 가지 체험의 마지막으로 회원들이 직접 재배하고 관리했던 논에서 수확한 쌀로 밥을 지어 나눠 먹는 행사를 하였습니다.

약 50여 명이 참석하였는데 회원보다는 비회원 중 밥 먹기 행사를 알고 20여 명이 신청을 하여 참여하게 되었습니다. 주말농장에 먼저 들러 배추를 뽑아야 하는 관계로 쌀밥 먹기 행사장에 10시가 약간 넘어 도착하였는데 벌써 회원 2가족이 와서 기다리고 있었습니다. 먼저 와서 준비를 해야 되는데 늦어서 조금 미안한 생각이 들었습니다.

날씨가 꽤 쌀쌀하여 마당 한가운데에 장작불을 피웠습니다. 장작이 타고 나면 고구마를 구워 먹을 예정이었습니다. 고구마는 자작나무가 직접 텃밭에서 심어서 캔 고구마를 2박스나 후원해 주었습니다. 고구마를 은박지에 싸서 장작불에 구워 먹는 맛은 그 추억의 맛 그대로였습니다.

그리고 논 놀이터 회원들에게 줄 쌀 1kg을 '칠보산마을쌀' 브랜드를 붙여서 포장지를 만들고 쌀을 담아 회원들에게 5kg씩 나누어 주었습니다. 그리고 자작나무샘의 시민농장에 텃밭을 함께 가꾸던 보리(닉네임)의 죽음에 대한 애절한 사별의 자작시 또한 마음을 울리기엔 충분하였습니다. 그리고 칠보 논 놀이터의 창시자 격인 녹색손의 의미 있는 메시지 전달 또한 마음에 와 닿았습니다.

당초에 쌀밥 먹기를 준비할 때는 사람들이 너무 많이 오면 어떡하지 하며 걱

정을 하였는데 다행히 50여 명 정도가 왔습니다. 70~80여 명분을 예상하고 준비한 쌀밥과 김치찌개는 많이 남아서 되가져왔습니다.

　우리가 직접 모내기부터 김매기, 벼 베기, 도정까지 하여 생산한 쌀로 밥을 해서 먹는 것은 의미가 남달랐습니다. 아무튼 올 한해 논 놀이터 회원님들의 덕분에 무사히 논 놀이터를 마칠 수 있었으며, 매우 행복했던 일 년을 보냈던 것 같습니다.

〈사진 261〉 직접 생산한 햅쌀로 70인분 쌀 씻기

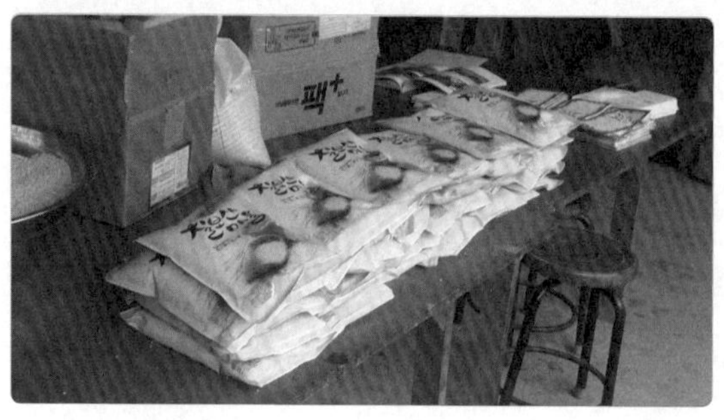

〈사진 262〉
논 놀이터에서 생산된 칠보산 마을쌀

〈사진 263〉 장작불과 군고구마

〈사진 264〉 쌀밥 시식

〈사진 265〉 칠보산마을쌀 브랜드 공모 당선자 쌀 시상

〈사진 266〉 논 놀이터 체험에 참가한 회원에게 쌀 배당

4. 기능성 작물인 삼채재배 도전

삼채 재배 준비

2014년에는 농사를 연계한 체험을 중심으로 하였는데 올해는 새로운 작물을 재배하고 신유통 체계를 실험하고 싶어서 삼채 품목을 선정하였습니다. 삼채는 외래종으로 히말라야 고산지대(1,400~2,000m)에서 재배 및 자생하는 작물로 직사광선을 싫어하는 작물입니다. 토양은 배수와 통기가 잘 되는 땅으로 보습이 좋은 땅, 유효균이 많은 땅으로 퇴비를 깊게 넣어주고, 고랑(두둑)을 높이 만들어 심는 것이 좋습니다. 마치 고구마를 심는 방법과 유사합니다. 일반적으로 잡초와 수분 유지를 위해서 비닐 멀칭 재배를 합니다.

삼채는 3.3㎡(1평)당 종근 2~4뿌리를 15cm 간격으로 40~50개 정도의 종근을 심어줍니다.

삼채의 주요 효능은 사포닌과 식이유황이 풍부하여 피를 맑게 해주고, 항암작용, 면역력 증가, 고혈압, 당뇨, 고지혈증, 염증 등에 효과적이라고 합니다. 삼채 종근은 지난주에 함평의 삼채 농가로 부터 10kg를 구매하여 옮겨심기를 기다리고 있다.

먼저 삼채 심을 곳을 물색하였습니다. 하지만 적당한 텃밭(공간)을 찾기가 쉽지 않았습니다. 칠보마을 주변을 이곳저곳 돌아다니며 주말농장 현수막에

전화번호를 수없이 많이 돌렸지만 맘에 드는 곳을 며칠째 찾고 있었습니다.

오늘도 당수동 주말농장에 삼채 일부를 심고 오는 길에 이곳저곳 주말농장 현수막의 전화번호를 돌리다가 칠보 입구에 주말농장 주인을 만나서 약 60여 평의 텃밭을 얻을 수 있었습니다. 평당 10만 원이니 약 50만 원을 투자하였습니다.

그래서 주말농장 계약을 하고 삼채 심을 준비를 하였습니다. 하늘의 뜻이었는지 몰라도 오후부터는 가랑비가 하염없이 내려서 토양이 수분을 충분히 담고 있어서 비닐 멀칭에 욕심이 났습니다. 삼채 재배에는 잡초와 수분의 효율적인 관리를 위해서 비닐 멀칭 재배를 주로 하는데 직장인인 나로서도 친환경 재배를 하는데 잡초가 무서워서 비닐 멀칭 재배 방법을 선택하였습니다. 그래서 비오는 주말인 오늘 비닐 멀칭을 하고픈 욕심에 조금 무리를 하였습니다.

직장을 다니다 보니 주말 이외에는 일을 할 수 있는 시간이 많지 않으니 주말에 될 수 있으면 많은 작업을 합니다. 더군다나 주말에 이렇게 촉촉하게 비가 내린다는 보장도 없고 시간적으로 많은 어려움이 있어 무리하여 텃밭 임대를 하고 검정색의 멀칭 비닐을 구입해 오후 6시부터 밤 9시까지 집사람과 함께 멀칭 작업을 하였습니다. 길이가 60여 미터가 되는 3고랑인데 가로등의 불빛을 전등 삼아 밤 11시까지 늦도록 작업을 했지만 3고랑 모두 하기는 무리였습니다. 그래서 2고랑만 하고 나머지 한 고랑은 내일 아침 새벽에 출근 전에 할 것을 기약하고 집으로 돌아왔습니다.

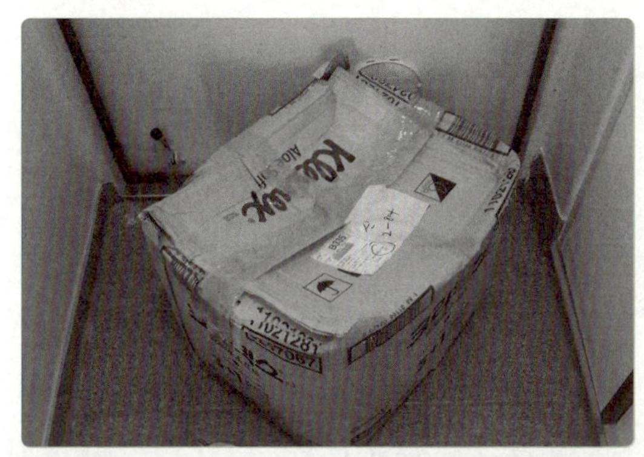

〈사진 267〉 배달된 삼채 종근 10kg 박스

〈사진 268〉 삼채를 심기 위한 텃밭

〈사진 269〉 멀칭 전에 거름 넣기

〈사진 270〉 밤늦도록 한 멀칭 작업

삼채 모종 심기

어제 새벽에는 전날 멀칭을 다하지 못하고 남은 한 고랑에 비닐 멀칭을 하였습니다. 오늘 새벽에는 삼채 모종을 심기 위해서 아침 일찍 일어나서 텃밭으로 나갔습니다. 어제와 오늘은 새벽에 일어나 일을 하고 그저께는 늦은 밤까지 몰아치기로 작업을 하다 보니 피곤함이 이루 말할 수 없습니다.

삼채 종근을 만들기 위해서 원뿌리에서 뇌두 부분을 중심으로 3~4cm 남겨놓고 잘랐습니다. 잘라낸 부분은 깨끗이 씻어 말리고 있는데 온 집안이 삼채의 매운 냄새로 진동을 합니다.

삼채를 심는 방법은 비닐 멀칭을 한 고랑에 20cm 간격으로 심으면 됩니다. 고랑의 폭이 70cm 정도 되어서 한 고랑에 2포기를 심었습니다. 둘이서 길이 60여 미터 되는 고랑에 삼채를 심는 시간은 1시간 넘게 걸렸습니다. 또 다음 날 출근해야 하기에 나머지는 다음에 심기로 하고 집으로 돌아왔습니다. 삼채만 심어놓으면 수확할 때까지는 수월하겠지 하는 생각으로 위안을 삼습니다. 문제는 나중에 수확한 삼채를 어떻게 판매할까 입니다. 적은 양도 아닌데 말입니다. 그래서 나름 고민 중에 있습니다. 저는 새로운 유통시스템인 예약 재배를 우선적으로 추진하려고 계획을 했었는데요. 그 방법도 쉽지가 않네요.

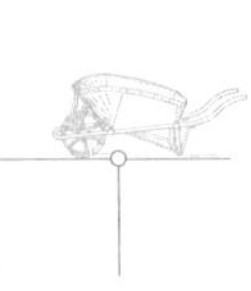

〈사진 271〉 원뿌리를 심기 위해
잔뿌리를 잘라낸 삼채

〈사진 272〉 비닐 멀칭으로 준비된 3고랑의 텃밭

〈사진 273〉
삼채 종근모근 심기 1

〈사진 274〉
삼채 종근모종 심기 2

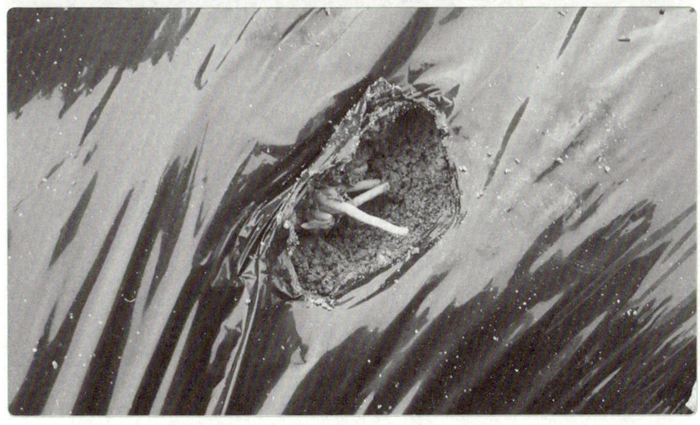

〈사진 275〉
종근을 넣고 흙으로 덮기

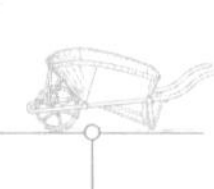

〈사진 276〉 삼채 종근을 심은 후의 텃밭

옥수수 심기

　오늘은 아침 일찍 수원 농협에 가서 옥수수 종자를 샀습니다. 삼채가 직사광선을 싫어한다고 어디선가 봐서 고랑 사이에 옥수수를 심어서 그늘을 만들어 주려고 합니다. 그런데 너무나 많이 산 듯하네요.

　어떤 사람은 옥수수를 심으면 통풍이 잘 되지 않아 오히려 삼채에 피해를 준다고 하는데 그래도 일단은 옥수수를 심기로 하고 오늘 옥수수 종자를 사서 삼채 고랑에 심었습니다.

〈사진 277〉 찰옥 4호 품종인 옥수수 종자

〈사진 278〉 한곳에 2알씩 파종

267

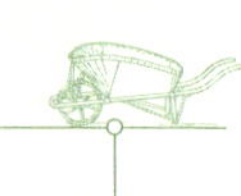

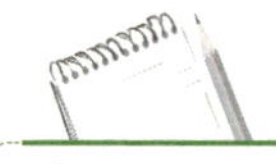

삼채 심은 지 2주일 후

삼채를 심은 지 14일이 지났습니다. 집 베란다에 심어 놓은 삼채에서는 푸른 잎이 많이 나와서 주말농장에도 잎이 많이 나왔겠지 하는 생각에 삼채 밭을 찾았습니다. 밭에 심은 삼채는 작은 싹이 나오기 시작하였습니다. 실내인 베란다에 있는 삼채보다는 싹이 나오는 속도가 느린 것 같습니다.

〈사진 279〉 베란다의 삼채 모종

〈사진 280〉 삼채밭의 싹

〈사진 281〉 당수동 주말농장의 삼채

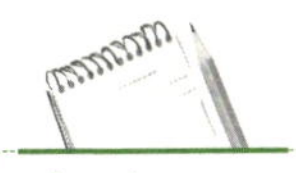

삼채 싹이 나오다

지난 4월 8일에 심어 놓은 삼채 싹이 비온 뒤에 고르게 나왔습니다. 더군다나 그늘을 만들기 위해서 사이에 옥수수 씨앗을 파종하였는데 옥수수 새싹도 고르게 잘 나왔습니다.

비닐 멀칭 후 삼채 종근을 심었는데 싹이 나오면서 잎이 비닐에 막혀 나오지 못하는 곳이 몇 군데 있어서 비닐을 찢어주어 싹이 잘 나올 수 있도록 해주었습니다. 이젠 잎이 무럭무럭 잘 자랄 수 있는 시기가 온 것 같습니다. 낮 기온은 한여름 같은 날씨입니다. 저녁으로는 조금을 쌀쌀한 기후이긴 해도 이제는 식물이 잘 자랄 수 있는 시기일 것 같습니다.

〈사진 282〉 비닐 멀칭 사이로 나온 삼채 싹

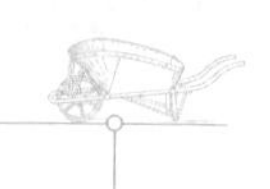

〈사진 283〉
삼채 싹이 잘 나오도록
비닐 찢어주기

〈사진 284〉
실하게 잘 나온 삼채 싹들

〈사진 285〉
삼채와 옥수수 싹

삼채비닐 구멍 뚫어주기

아침 일찍 일어나서 삼채 밭에 갔습니다. 예전에 삼채 싹이 나올 때 비닐에 가려 몇 군데 싹이 나오지 않은 곳이 있어서 구멍을 크게 뜯어 주려고 아침일찍 삼채밭에 나갔습니다. 우선 삼채 싹이 나온 주변에 비닐을 찢어서 삼채를 덮지 않도록 하였습니다. 그런데 하나 둘 찢다 보니 전체를 찢고 있었습니다. 옥수수도 몇 군데 싹이 안 나온 곳이 있어서 심으려고 가져갔는데 시간이 없어서 그냥 가지고 돌아왔습니다.

일을 마치고 나오다가 만난 밭주인 아주머니께서 삼채에 대해 관심을 갖기에 많은 이야기를 나누다가 집으로 돌아왔습니다.

역시 작물은 밭에서 키워야 한다고 생각합니다. 베란다에서 키우던 삼채와 밭에서 자란 삼채를 비교할 때 확연한 차이를 느낄 수 있습니다.

〈사진 286〉
베란다 삼채 모종과
밭에서 자란 삼채 비교

271

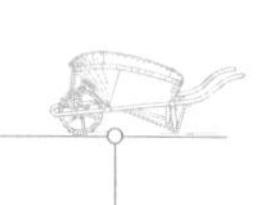

〈사진 287〉 찢어진 비닐 사이로 나온 삼채잎

〈사진 288〉 삼채 주변 비닐 제거

〈사진 289〉 튼튼하게 잘 자라고 있는 삼채와 옥수수 모종

삼채 밭 둘러보기

오늘 퇴근길에 삼채 밭에 들러서 잘 자라고 있는 삼채를 살펴보았습니다. 삼채 종근에서 싹이 나올 때 비닐을 뜯어 주지 않아서 군데군데 삼채가 죽은 곳이 있지만 그래도 나름 고르게 잘 자라고 있습니다. 더군다나 삼채 고랑 사이에 심어놓은 옥수수가 하루가 다르게 부쩍 자랐습니다.

〈사진 290〉 잘 자라고 있는 삼채와 옥수수들

〈사진 291〉 튼튼한 삼채

5월 31일

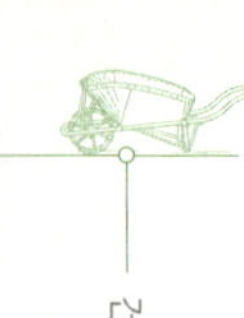

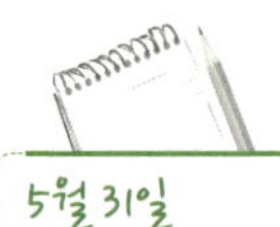

누런 잎과 뿌리 썩음 병

이른 저녁을 먹고 삼채 밭에 잡초가 많이 나서 잡초 제거 작업을 하러 갔습니다. 어제 장인어른과 장모님께서 오셔서 서산과 지중해 마을을 다녀와서 피곤한데도 불구하고 잡초를 제거해야겠다는 생각으로 집사람을 설득하여 함께 주말농장으로 나갔습니다.

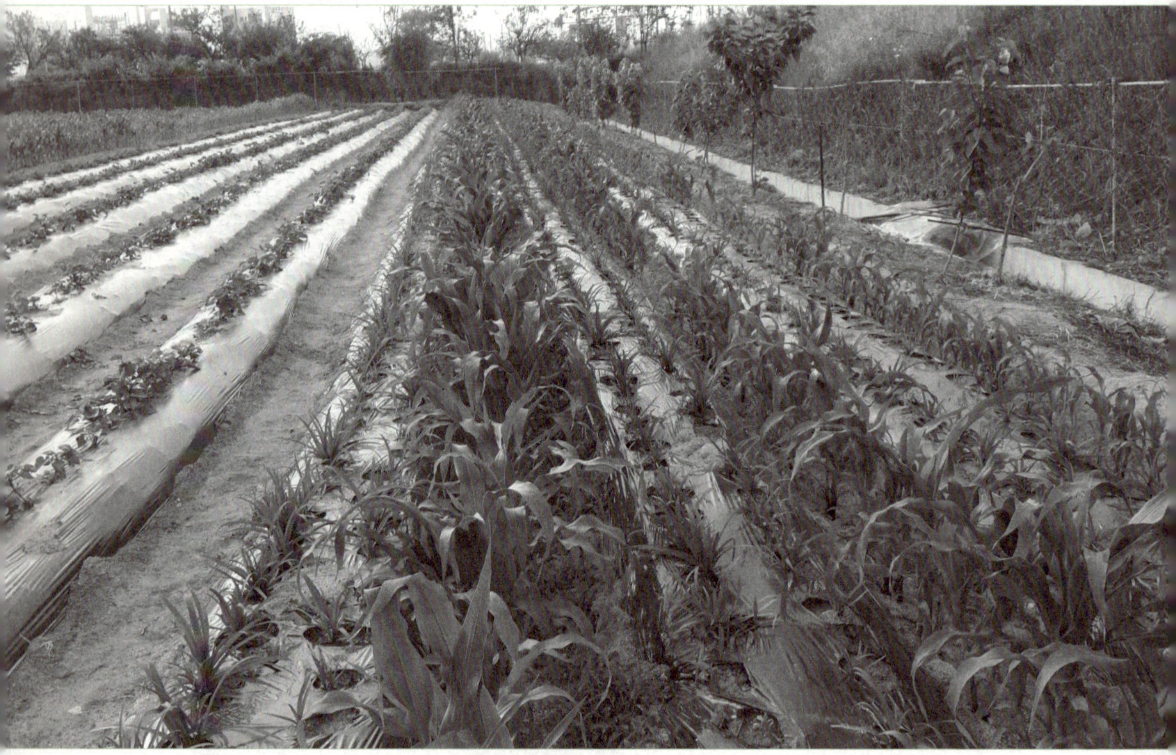

〈사진 292〉 무성하게 잘 자라는 옥수수와 삼채

잡초를 뽑다 보니 중간 중간에 삼채가 잎이 누렇게 변하고 뿌리가 썩는 병에 걸려서 죽은 것이 한두 개씩 보였습니다. 그 원인을 모르겠습니다.

잡초를 뽑다 보니 금방 날이 어두워 졌고 도로가의 가로등을 의지하여 밤 9시까지 풀을 뽑았습니다.

그래도 어느 정도 마무리를 하고 돌아오니 맘이 한결 개운했습니다.

〈사진 293〉 병에 걸린 삼채

삼채보다 더 잘 자라는 옥수수

오늘은 퇴근시간에 삼채 밭에 들러서 삼채가 자라는 모습을 보았습니다.

요즘 가뭄에 작물들이 잘 자라지 않고 있습니다. 삼채 밭에도 가물어서 물을 줘야 하는데 시간적인 여건상 물을 제대로 주지 않으니 삼채가 잘 자라지 않고 있는 것 같습니다.

삼채는 물을 충분히 주면 생육에 매우 좋다고 합니다. 그래서인지 몰라도 중간중간에 뿌리 썩음 병이 있어서 삼채가 죽은 것이 많아서 고랑에는 군데군데 빈 공간이 많습니다.

그늘을 만들어 주기 위해 심은 옥수수가 너무 잘 자라 햇빛을 가려서 삼채가 제대로 못 자라지 않나 하는 생각도 해봅니다. 지금의 삼채 밭을 보고 있노라면 주객이 전도된 느낌입니다. 삼채 밭이 아니라 옥수수 밭인 느낌이 듭니다.

삼채 밭에 무성하게 자라고 있는 잡초를 뽑아 주는데 고랑의 옥수수 잎 때문에 팔과 얼굴이 긁혀 상처도 나고 풀 뽑기 작업을 하기에 매우 힘들었습니다.

〈사진 294〉 무성하게 잘 자라고 있는 옥수수

〈사진 295〉 옥수수들 사이에서 자라는 삼채

삼채잎 자르기

그동안 튼튼하게 잘 자라준 삼채잎을 먹기 위해서 삼채잎을 베었습니다. 지난주 친구들 모임 때 일부 베어 갔고 또 주말에 삼겹살을 먹기 위해서 삼채잎을 수확하였습니다.

지난주에 베었던 삼채잎은 시간이 얼마 되지 않았는데도 벌써 많이 자라서 크는 모습을 확실하게 볼 수 있었습니다.

그리고 요즘 날씨가 더워서 피복해 두었던 비닐을 제거해 주었습니다. 모두 제거하려다 고랑이 무너질까봐 고랑의 중앙 부분만 비닐을 뜯어내어 주었습니다. 이번 주 화요일부터 비가 온다고 하는데 그 비를 맞고 나면 더욱 잘 자랄 것으로 기대해 봅니다.

〈사진 296〉 삼채 밭에서 제초 작업 중

〈사진 297〉
비닐 피복이 제거된 삼채밭

〈사진 298〉
잎수확 후 삼채 모습

〈사진 299〉
자른 후 일주일 만에
다시 자란 삼채

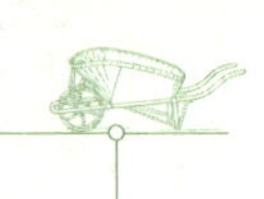

삼채잎 베기와 삼채 요리

오늘은 드디어 그동안 키워왔던 삼채잎을 베어 먹었는데 약간 매우면서, 달고, 신맛이 약간 있었습니다. 잎을 베어서 삼겹살 먹을 때 한 잎씩 쌈에 올려 먹으니 그 맛이 일품입니다. 그리고 삼채잎을 계란에 섞어서 스크램블을 만들어 먹었는데 이 또한 맛이 매우 좋았습니다. 그리고 시골 어머니께 몇 포기 갖다 드렸는데 손수 재배한 잎을 베어서 김치를 담가 놓으셨는데 삼채김치는 더욱 맛있었습니다. 부추김치보다는 조금 더 맛이 있는 것 같습니다. 익히지 않고 생것으로 먹을 때는 매운맛이 강하나 여러 가지 요리를 해서 먹을 때에는 매운맛이 사라지고 단맛이 강하게 느껴졌습니다. 삼채가 건강에 매우 좋다니 마냥 많이 먹고 있습니다.

집에 아이들은 매일 삼채만 먹는다고 불평하며 난리입니다. 그래도 올해 삼채 재배를 시작했으니 손수 실험할 수밖에 없습니다. 이번 주에는 시간을 내어서 삼채잎을 베어서 건조하여 분말을 만들려고 합니다. 나중에 분말로 만들어서 양념으로 활용할 생각입니다.

〈사진 300〉 옥수수 그늘 아래에서 잘 자라고 있는 삼채

〈사진 301〉 삼채잎 수확하기

〈사진 302〉 삼채 스크램블 요리

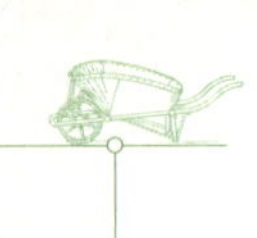

삼채꽃

삼채 밭에 며칠 동안 가지 않았더니 삼채쫑이 올라와서 꽃이 피었습니다. 꼭 부추처럼 꽃봉오리가 꽤 크고 예뻤습니다. 삼채쫑을 뽑아서 먹는다는데 나중에 잎을 한번 베어내고 삼채쫑을 뽑도록 해야겠습니다.

〈사진 303〉 삼채꽃

삼채분말 만들기 준비

삼채잎이 너무 많이 자라서 한 번은 베어서 분말을 낼 요량으로 계획을 잡았습니다. 다행히 주말농장 주인아저씨 댁에 건조기가 있어서 일요일에 주인아저씨에게 부탁하여 건조작업을 하기로 하였습니다. 삼채잎을 건조하기 위해서는 먼저 삼채잎을 베고, 삼채잎을 깨끗하게 씻어 물기를 뺀 다음 일요일 아침에 건조기에 넣어 말리는 삼채분말 준비를 계획하였습니다.

토요일 저녁에 밥을 먹고 삼채잎을 베러 텃밭에 갔습니다. 어둑해진 밤이라서 잘 보이지는 않았지만 도로가의 가로등을 빛 삼아서 삼채잎을 베고, 집사람이 삼채잎을 다듬어서 깨끗하게 씻었습니다. 삼채잎이 잘 보이지 않아서 눈에 불을 켜고(?) 열심히 베다 보니 온몸이 땀으로 범벅이 되었습니다. 작업시간 1시간에 걸쳐서 삼채잎을 모두 베고 수돗가로 와서 삼채잎을 다듬어서 씻는 일을 도와주었습니다. 그나저나 삼채잎을 씻는 것도 보통일이 아니었습니다. 저녁 8시에 시작을 하여서 밤 12시가 다 되어서 일을 마무리할 수 있었습니다.

그 다음날 아침 일찍 5시 30분에 일어나서 다시 삼채 밭으로 가서 어제 씻어놓은 삼채잎을 건조기에 넣었습니다. 다행히 주인아저씨와 아주머니께서 벌써 텃밭에 나와 일을 하고 계셨습니다. 우선 건조기에 씻어놓은 삼채잎을 넣고, 시간을 설정해 놓았으니 도중에 한 번씩 삼채잎의 건조 상태를 봐가면서 스위치를 끄면 된다고 하셨습니다.

　건조기에 물기 있는 삼채잎을 아침 6시부터 저녁 8시까지 14시간을 돌렸습니다. 저녁에 건조기에서 꺼내어 바로 비닐팩에 넣어서 묶었는데 문제는 여기에 있었습니다. 뜨거운 열기를 식혀서 비닐에 넣어야 하는데 바로 넣다 보니 다시 눅눅해진 것입니다. 그것을 모르고 집사람이 다음날 수원 남문의 영동시장에 있는 제분소로 가져갔는데 너무 마르지 않아서 분쇄가 어렵다고 하여 다시 3개의 비닐봉지를 들고 되돌아 와야 했습니다. 그 커다란 부피의 비닐봉지 3개를 들고 버스를 타고 갔다 왔다 하는 수고를 했습니다.

　그래서 하는 수 없이 다시 집으로 가져왔고, 퇴근 후에 다시 건조기에 넣고 3시간을 더 말려 다음날 제분소에 가져갔는데 다행히 잘 말라서 삼채잎 분말을 만들 수 있었다고 하였습니다.

〈사진 304〉 삼채잎 씻기

〈사진 305〉 씻은 후 물 빼기

〈사진 306〉 1차 건조한 삼채잎 3봉지

〈사진 307〉 건조기

〈사진 308〉 삼채 수확 후

〈사진 309〉 삼채잎 분말

옥수수 수확

삼채 밭에 그늘을 만들어 주기 위해 밭고랑에 옥수수를 심었었는데 너무 배게 심었다고 주인아저씨에게 소리를 들었습니다. 그래도 한 번 심은 것을 베어 낼 수도 없고 그냥 놔두었는데 옥수수가 너무 많아 햇볕이 삼채 밭에 들어오는 것을 충분히 차단하고 있었습니다.

오늘은 옥수수를 수확하였습니다. 처음이라서 옥수수가 익은 것을 골라 따기는 매우 힘이 들었습니다. 아니나 다를까 옥수수를 엄청 따서 밭 밖으로 나왔는데 주인아주머니가 덜 익은 것이라고 충고하셨습니다. 역시 농사일도 노하우가 있어야 한다는 생각이 들었습니다. 수확한 옥수수를 집으로 가져왔는데 아파트에서는 옥수수 껍질 쓰레기가 만만치 않아 옥수수 껍질을 벗겨서 다시 텃밭으로 가져와 거름더미에 버렸습니다.

일단 집에 가져와 아침부터 옥수수를 삶기 시작하였습니다. 작은 압력밥솥에 여러 차례 나누어 삶았습니다. 충분한 양을 삶아서 옆집 할머니들에게 인심도 썼습니다. 옥수수를 받아든 할머니들은 너무나 좋아하셨습니다.

이렇게 약 열흘에 걸쳐 옥수수를 수확해야 한다고 합니다. 옥수수 수확 시기를 넘기면 옥수수가 너무 익어서 알맹이가 딱딱해져서 먹기가 힘들다고 합니다. 그래서 아침 일찍 일어나서 회사 출근하기 전에 옥수수 수확을 하였습니다. 수확된 옥수수는 다 먹을 수 없으니 주위 사람들과 친척들에게 택배로 보내줬습니다. 그런데 여러 사람에게 나눠서 보내주다 보니 받는 사람에게는

많지도 않을 것이고 고마움도 덜할 것이라고 생각했습니다. 더군다나 하루에 4~5군데 택배를 보내다 보니 비용도 컸습니다. 처음에는 옥수수를 팔까도 생각했는데 그냥 인심을 쓰기로 했습니다. 매일 아침에 옥수수를 수확하여 4~5개씩 나누어 포장하여 택배를 보내고 출근하기를 약 10여 일 동안 했습니다.

〈사진 310〉 잘 익은 옥수수

〈사진 311〉 껍질 벗긴 옥수수

〈사진 312〉 산더미가 된 옥수수 껍질

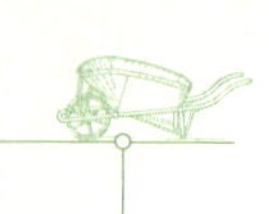

옥수수대 자르기

여름휴가를 다녀와서 삼채 밭에 가보니 옥수수가 많이 익었기에 모두 땄습니다. 그리고 삼채 밭에 햇볕이 너무 안 들고 통풍이 잘 되지 않아서 옥수수대를 베기로 하였습니다. 옥수수를 심은 이유는 그늘을 만들어 주려고 했는데 지켜본 결과 옥수수대가 햇볕을 차단하여 삼채 성장에 방해가 된다는 것을 알았습니다.

옥수수를 따고 옥수수대를 베어내는데 꽤 많은 시간이 걸렸습니다. 날씨도 무더워 폭염이라는 재난문자까지 왔는데 그 한낮에 일을 하고 있으려니 이것이 무슨 고생인가 하는 생각이 들었습니다. 이렇게 한낮에 옥수수를 따다가 더위와 갈증에 쓰러져 죽는 줄 알았습니다. 눈이 풀리고 곧 쓰러질 것 같은 걱정이 되었습니다. 그래서 웃긴 이야기이지만 휴대전화에 119를 찍어놓고 버튼만 누르면 되도록 조치하고 작업을 하였습니다.ㅎㅎㅎ

하여튼 옥수수대를 모두 베어내고 옥수수를 6마대나 수확하여 집으로 돌아왔습니다. 수확한 옥수수 처리 또한 쉽지 않아 친구들이며 아는 사람들의 리스트를 작성하고 난 다음에 택배로 나누어 주었습니다.

사실 옥수수를 팔면 돈이 꽤 될 것인데 그런 수완이 없으니 그저 나눔으로 만족해야 했습니다. 받아보는 사람은 적고 보잘 것 없지만 보내는 사람은 택배비만 해도 10만 원이 넘었습니다.

올해는 옥수수 때문에 많은 인심을 썼으니 나중에 복받을 것이라고 생각하고 위안을 삼았습니다.ㅎㅎㅎ

〈사진 313〉 옥수수 수확과 옥수수대 베기

〈사진 314〉 수확후 널려 있는 옥수수들

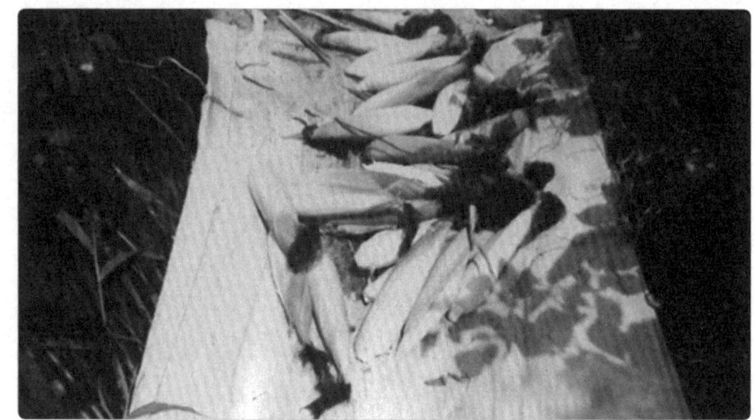

〈사진 315〉 수확한 옥수수들

〈사진 316〉 트렁크에 실린 옥수수 마대들

삼채 밭 풀뽑기

　여름이 지나자 삼채 밭에 풀이 엄청 많아졌습니다. 지난여름에 옥수수를 수확한 후 옥수수대를 베고 나니 햇볕이 잘 들어서 삼채가 더욱 튼실하게 잘 자라는 것 같았습니다. 처음부터 욕심을 부리지 말고 옥수수를 심지 말던지 아니면 옥수수를 듬성듬성 심어서 햇볕이 충분이 들게 했으면 좀 더 실하게 삼채를 키웠으리라 생각해봅니다.

　며칠 사이에 비가 내리더니 잡초가 엄청 많이 자랐습니다. 그래서 오늘은 날을 잡아 잡초를 뽑아 주었습니다. 삼채 밭에 잡초를 뽑아주고 나니 맘이 한결 시원해 졌습니다. 역시 작물은 사람이 돌봐야 하나 봅니다. 그렇지 않으면 잡초가 무성하게 되어 작물을 수확하기가 힘들 것입니다.

　삼채 수확은 11월이나 12월 땅이 얼기 전에 하는 것이 좋습니다. 잎이 시들시들해지면 낫으로 누렇게 시들은 잎을 베어내고 뿌리를 수확하여 생으로 먹거나 건조기에 말려서 분말을 만들어 장기간 유용하게 양념으로 이용할 수 있습니다.

　참고로 수확 시기는 겨울을 보내고 3월경에 땅이 녹은 다음에 수확하는 방법도 있는데, 이렇게 겨울을 지내고 수확을 하면 뿌리가 얼어서 썩을 우려가 있지만 삼채 뿌리를 저장할 공간이 없을 때에는 밭에 그대로 두었다가 봄에 수확하는 것도 하나의 요령입니다.

〈사진 317〉 삼채 밭에 자란 잡초들

〈사진 318〉 잡초 뽑기

294

〈사진 319〉 튼튼하게 자란 삼채

탑마을 연구소
홍보

부록

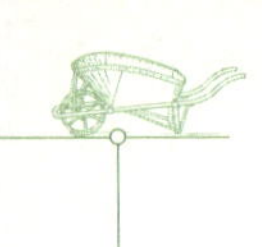

도시농업 관련 자료 현황*

1. 도시농업 전문 인력 양성기관(26개 기관)

시·도	기관명	지정일	개설 강좌
서울(3)	서울시 농업기술센터	'13.11.22	전문가 양성
	한국도시농업조경진흥협회	'14.07.10	전문가 양성
	(사)텃밭보급소	'14.06.26	텃밭보급원 교육
부산(9)	부산광역시 농업기술센터	'13.11.27	전문가 양성과정
	녹색환경기술학원	'13.11.27	전문가 양성과정 등
	부산귀농학교	'14.02.11	전문가 양성과정 등
	부산도시농업시민네트워크	'14.02.27	전문가 양성과정 등
	효성직업전문학교	'14.07.30	전문가 양성과정
	(사)부산플라워클러스터	'14.07.31	전문가 양성과정
	한국평생교육원	'14.07.31.	도시농사교육 등
	대한학원	'14.11.24	전문가 양성과정
	도시농업전문가협회	'15.05.12	도시농사교육 등
인천(2)	인천시 농업기술센터	'14.01.16	도시농업법 이해 등
	인천도시농업네트워크	'14.02.13	전문가 양성
울산(1)	울산 농업기술센터	'14.12.01	전문가, 도시농부
경기(7)	한국미래도시농업지원센터	'15.05.01	도시농부학교
	도시농업 네트워크	'12.08.01	도시, 어린이 농부학교
	경기HRD평생교육원	'14.05.01	도시농부전문가 양성
	파주생태문화교육원	'14.03.25	도시농부학교, 전문가 양성
	포천시농업기술센터	'14.03.19	도시, 어린이 농부학교
	한국사이버원예대학	'12.12.03	도시농업지도자 등 8과정
	광명텃밭보급소	'14.03.19	전문 지도자 양성 등
충북(1)	청주시농업기술센터	'14.07.01	도시농업전문가
충남(1)	충남 도시농업 환경인테리어협회	'15.02.05	
경북(1)	카톨릭상지대학교	'15.01.30	
경남(1)	(주)한길평생교육원	'14.07.11	전문가 양성

* 출처: 2015년도 도시농업관련 현황조사(농식품부)

2. 도시농업지원센터(15개 기관)

시·도	기관명	지정일	주요 개설 강좌
서울(7)	송파도시농업지원센터	'14.01.13	초보도시농부학교
	(사)도시농업조경진흥회	'14.01.14	도시농업지도사 양성
	(사)텃밭보급소	'14.01.14	도시농부 학교
	(주)라이네쎄	'14.04.25	도시농부 양성
	(재)송석문화재단	'14.10.14	희망농부학교, 도시농업 특강 등
	강동도시농업지원센터	'13.03.15	이야기 있는 행복한 밥상
	(사)도시농업포럼	'15.01.21.	산약초텃밭학교, 꿈틀어린이텃밭학교
부산(2)	부산도시농업시민 네트워크	'14.03.04	도시농사교육
	미래창조평생교육원	'14.11.12	도시농사교육
경기(3)	한국미래도시농업 지원센터	'15.05.01	도시농부학교
	한국사이버원예대학	'14.07.25	상자 등 생활 텃밭교육
	김포시농업기술센터	'13.03.26	도시농부학교 등 3개 과정
충북(1)	청주시농업기술센터	'14.07.01	도시농부아카데미
충남(1)	충남 도시농업 친환경인테리어협회	'15.02.05	–
경북(1)	카톨릭상지대학교	'15.01.30	–

3. 도시농업연구회(29개 기관, 1,039명)*

시·도	지자체(기관)명	구성일자	인원(명)	추진 활동
서울(2)	종로구	'12. 1월	20	도시농업사례연구, 기술지원 등
	농업기술센터	'14.02.03	80	도시농업 발전 연구
부산(4)	부산시	'15. 9월	13	부산시 도시농업 자문 및 연구
	동아대	'15. 3월	10	친환경 도시농업 연구
	부산교대	'14. 11월	20	도시농업 정책 등 연구
	농업기술센터	'14.03.02	31	도시농업발전 및 확산 지원·교육
대구(1)	달성군	'12.06.04	95	도시농업과제, 홍보 등 5회
대전(2)	대전시	'13. 12월	25	자체교육 10회, 전시부스운영, 강의
	대덕구	'13. 9월	18	월 2회 정기 모임
세종(1)	세종시	'09.12.29	57	도시농업전시회 개최 등
경기(8)	고양시(2개)	'11. 2월	30	자체교육 및 체험교육농장 간 교류
		'15. 11월	28	자체교육 및 회원 상호 간 정보 교환
	용인시	'13.02.28.	31	도시농업 활성화를 위한 학습활동
	부천시	'13.02.22	8	도시농업 사업계획 심의 등
	남양주시	'13.05.31.	13	도시농업 우수단체 선정 등
	화성시	'14.12.29.	27	공동체텃밭운영, 도시농업 공동체 등록
	광주시	'11.07.08.	43	도시농업활성화 교육 지원
	포천시	'14. 12월	29	도시농업 프로그램 지원 등
충북(2)	청주시	'15.10.19	56	도시농업 전문 기술교육 등
	충주시	2008	43	야생화연구회
충남(1)	천안시	'12.06.09	20	흥타령춤축제 행사
전북(1)	남원시	'15.04.12	50	허브식재 및 관리, 수확 체험
전남(2)	전라남도	'13.05.06.	55	역량강화, 생활원예경진대회 등
	순천시	'15.07.03	50	도시농업 체험학습원 텃밭관리
경북(1)	포항시	'12.04.20	25	도시근교 텃밭조성, 관리 및 교육
경남(4)	창원시	'11.11.29	74	도시농업 과제교육, 텃밭가꾸기 등
	통영시	'11.03.30	35	실습포과제활동, 농작물 나눔행사
	김해시	'13.01.09	35	텃밭운영, 요양원 원예활동 등
	거제시	'14.03.20	18	약용작물 재배기술, 효능 연구

*시·군 기술센터, 지역 도시농업인 등으로 구성된 연구단체

4. 도시농업관련 단체·협회 현황(농식품부 승인단체: 5개)

유형	단체명	등록일	대표자	주요 활동 내용
사단법인 (3)	도시농업포럼	'10.01.29	신동헌	도시농업에 관한 연구활동 및 보급과 도시농업인 간 원활한 정보교환
	흙과 도시	'13.04.09	이시재	도시농업에 관한 연구모임 및 공개포럼 운영, 도시농업과 생활·예술의 결합으로 도시농업 인식제고
	한국도시농 업조경진흥 협회	'13.04.12	임정훈	친환경 도시농업과 관련 산업에 대한 홍보, 전시, 박람회 등을 통해 도시농업인에 대한 이익 기여
비영리 민간단체 (1)	도시농업 시민협의회	'12.08.23	안철환	도시농업관련 단체 네트워킹 및 주요정책 대응
사회적 협동조합 (1)	도시농담	'14.03.03	박영란	도시농업을 통한 마을 공동체 활성화 및 생태환경 의식 고양

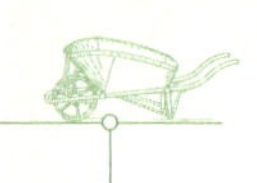

5. 자치단체 승인단체: 35개(비영리민간단체 16, 비영리법인 5, 사회적협동조합 14)

시·도	유형	단체명	등록일	대표자	주요 활동 내용
서울 (25)	비영리 민간단체 (10)	금천도시농업네트워크	'12.02.16	김선정	교육, 텃밭보급
		서울도시농업네트워크	'13.04.13	민동욱	교육, 텃밭보급
		노원도시농업네트워크	'14.02.04	이은수	자연재순환 사업
		서울시도시농업전문가회	'14.02.21	오영기	도시농업 교육지도
		함께하는도농원	'13.02.26	안종수	도시농업활성화사업
		떼알(성북구)	'14.01.29	이봉금	도시농업교육·보급
		노원도시농업협의회	'13.04.01	마명선	도시농업발전방안 모색
		영등포 도시농업네트워크	'12.02.03	정재민	도시농업 교육·실습 등
		도시농부봉사회	'15.05.01	양승주	도시농업체험학습 등
		S&Y도농나눔공동체	'15.03.04	문대상	도시농업 관련 봉사활동
	비영리 법인(3)	텃밭보급소	'14.11.10	안철환	텃밭, 토종종자 보급
		에코팜(송파구)	'14.01.13	박성효	도시농업지원센터
		(사)여성중앙회	'56.07.01	한춘희	그린여성리더 양성
	사회적 협동조합 (12)	녹색드림협동조합(동대문)	'13.04.09	유수현	발아현미 제조판매
		한국도시농업전문가	'13.06.04	문대상	지원센터 자문, 컨설팅
		도시의농부들	'14.04.24	조성우	도시농업관련사업
		씨앗들협동조합	'12.12.26	황윤지	도농공동체 발전 사업 등
		공생협동조합	'13.04.05	이하웅	도시농업사업
		행복한애벌레성동협동조합	'13.04.09	최창준	도시농업활성화
		한국도시농업 전문가 협동조합	'13.06.04	문대상	도시농업사업
		산지협동조합	'13.12.24	신은향	도시농업 및 농산물 유통사업

		도시농사꾼협동조합	'14.02.17	신동헌	도시농업 교육, 옥상텃밭 등
		365베란다텃밭 협동조합	'14.07.22	남택수	도시농업 텃밭 모델개발 및 보급
		도시농업전문가 협동조합	'15.01.30	서주봉	도시농업관련 행사
		노원몬드라곤협동조합	'15.10.23	고창록	도시농업, 농업관련 사업
부산 (2)	비영리 민간단체 (1)	부산도시농업시민 네트워크	'15.03.11	조현구	도시농업인의 교류증대 등
	비영리 법인(1)	부산도시농업시민 운동본부	'15.01.29	이정호	도시농업 정책 제안, 홍보 등
대구 (1)	비영리 민간단체 (1)	희망토	]15.12.10	서종표	도시농업교육, 체험활동 등
경기 (6)	비영리 법인(1)	(주)지엔그린(부천시)	13.12.17	신미자	교육프로그램 운영
	비영리 민간단체 (3)	고양도시농업네드워크	'13.10.04	안병덕	도시농업페스티벌 개최
		도시농업시민협의회 (평택시)	'14.04.11	–	공영농장, 학교텃밭 지원
		광명텃밭보급소	'12.01.30	이승봉	도시생태농업 저변확대
	사회적 협동조합 (2)	생생도시농업(부천시)	'13.12.11	서미숙	교육 프로그램 운영
		성남도시농업협동조합	'13.02.01	최경민	마분 퇴비 보급, 교육
전북 (1)	비영리 민간단체 (1)	지리산허브(남원시)	'13.04.15	송기수	교육, 체험행사 개최

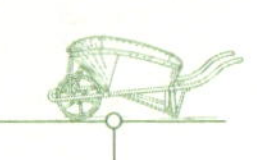

6. 도시농업 관련 사이트 URL(15개)

지자체명	사이트 명칭	URL주소	구축시기
농식품부(1)	도시농업 종합포털	http://www.modunong.or.kr	'15. 12월
서울(4)	강동구도시농업포털	http://www.gangdong.go.kr/cityfarm	'14. 11월
	친환경도시농업	http://cafe.naver.com/dobongecofarm	'11. 3월
	성북구도시농업	http://cafe.daum.net/sb-farm	'12. 2월
	서울 농업기술센터	http://agro.seoul.go.kr	'00. 3월
인천(1)	인천농업기술센터	http://agro.incheon.go.kr/index.do	'13. 2월
대전(2)	대전 도시농업	http://www.daejeon.go.kr/ufa/index.do	'13. 12월
	대덕구 도시농업	http://www.daedeok.go.kr/uap/UAP.do	'12. 9월
경기(4)	부천시도시농업마당	http://cafe.daum.net/bucheonagri	'14. 3월
	안산시친환경 도시농업	http://nongeop.iansan.net/urban/Main.jsp	'13. 8월
	도시농업한마당	http://blog.naver.com/city15farmer	'15. 5월
	한국사이버원예대학	http://www.kchcc.or.kr/	'06. 1월
전남(2)	화순힐링가족텃밭	http://cafe.daum.net/hwasunfarm	'14. 5월
	팜시티순천	http://팜시티순천.com	'15. 6월
경남(1)	김해시 도시농업	http://cafe.naver.com/gimhaecityfarm/	'12. 5월

전국 텃밭 분양정보 현황(2016.03)*

일련번호	광역시도	구	동	지번	운영주체	텃밭 운영방식	텃밭명	전체분양 면적(㎡)	1구획당분양 면적(㎡)	분양가격 (천원)	부대시설	분양기간 (개월)	신청방법	연락처	기타
1	서울특별시	남양주시 조안면	송촌리	964	서울시	공영주말농장	송촌약수터	6,435	16.5	60	그늘막,급수시설, 주차장,화장실	10	홈페이지	010.4065.9224	
2	서울특별시	남양주시 조안면	삼봉리	331-3	서울시	공영주말농장	삼봉리	12,375	16.5	60	그늘막,급수시설, 주차장,화장실	10	홈페이지	010.9364.8851	
3	서울특별시	양평군 양서면	부용리	21	서울시	공영주말농장	교동리	8,250	16.5	60	그늘막,급수시설, 주차장,화장실	10	홈페이지	010.2755.7029	
4	서울특별시	양평군 양서면	부용리	582-1	서울시	공영주말농장	부용리	11,550	16.5	60	그늘막,급수시설, 주차장,화장실	10	홈페이지	011.325.6764	
5	서울특별시	양평군 서종면	수능리	395	서울시	공영주말농장	수능리	10,725	16.5	60	그늘막,급수시설, 주차장,화장실	10	홈페이지	010.7668.2021	
6	서울특별시	광주시 남종면	삼성리	422	서울시	공영주말농장	삼성리	14,850	16.5	60	그늘막,급수시설, 주차장,화장실	10	홈페이지	011.756.9197	
7	서울특별시	광주시 남종면	귀여리	393-2	서울시	공영주말농장	귀여리	6,600	16.5	60	그늘막,급수시설, 주차장,화장실	10	홈페이지	010.9105.7137	
8	서울특별시	광주시 퇴촌면	도마리	200	서울시	공영주말농장	도마리	11,550	16.5	60	그늘막,급수시설, 주차장,화장실	10	홈페이지	016.426.6933	
9	서울특별시	광주시 초월읍	지월리	680	서울시	공영주말농장	지월리	7,425	16.5	60	그늘막,급수시설, 주차장,화장실	10	홈페이지	010.3701.6262	
10	서울특별시	광주시 중부면	하번천리	120	서울시	공영주말농장	하번천리	6,000	16.5	60	그늘막,급수시설, 주차장,화장실	10	홈페이지	010.4499.5479	
11	서울특별시	고양시 덕양구	성사동	469	서울시	공영주말농장	원당역	7,425	16.5	100	그늘막,급수시설, 주차장,화장실	10	홈페이지	010.7409.5900	
12	서울특별시	시흥시	논곡동	22-2	서울시	공영주말농장	논곡동	11,550	16.5	80	그늘막,급수시설, 주차장,화장실	10	홈페이지	010.3720.9520	

* 출처 : 도시농부종합포털(www.modunong.or.kr), 2016.04.

건달농부의 신나는 주말농장

13	서울특별시	종로구	부암동	353-1	개인	민영주말농장	홍씨네텃밭농원	990	9.9	200	그늘막,급수시설,주차장,화장실	10	전화	010.5396.9829
14	서울특별시	성동구	행당동	76-3	성동구	공영주말농장	무지개텃밭	8,100	12.0	60	관리사무시,창고, 급수(수도)시설,원두막,주차장,화장실 등	10	홈페이지	02.2286.5455
15	서울특별시	광진구	광장동	582-3	광진구	공영주말농장	광장동텃밭	1,800	6.0	20	주차장,농기구보관함, 게시판,야외용벤치 등	8	방문 및 홈페이지	02.450.7783
16	서울특별시	광진구	중곡동	503-28	광진구	공영주말농장	중랑천텃밭	1,800	6.0	무료		8	방문 및 홈페이지	02.450.7783
17	서울특별시	광진구	광장동	378	광진구	공영주말농장	아차산텃밭	1,200	6.0	20	농기구보관함, 게시판, 야외용벤치 등	8	방문 및 홈페이지	02.450.7783
18	서울특별시	광진구	광장동	401-24	광진구	공영주말농장	광나루텃밭	600	6.0	실습텃밭	농기구보관함, 게시판,야외용벤치 등	8	방문 및 홈페이지	02.450.7783
19	서울특별시	성북구	성북동	193-8	성북구	공영주말농장	성북동어린이텃밭	562	6.0	0	자재창고	8	서류신청	02.2241.3712
20	서울특별시	성북구	정릉동	908-4	성북구	공영주말농장	정릉3동텃밭	1,446	6.0	0	자재창고	8	서류신청	02.2241.3712
21	서울특별시	성북구	석관동	14-5	성북구	공영주말농장	석관동텃밭	563	6.0	0	-	8	서류신청	02.2241.3712
22	서울특별시	성북구	길음동	1285-8	성북구	공영주말농장	길음뉴타운주말농장	1,945	6.0	60	원두막, 자재창고	8	서류신청	02.2241.3712
23	서울특별시	강북구	수유동	599외 5필지	오상호	민영주말농장	삼각산주말농장	15,173	16.0	180	주차장, 화장실	10	선착순(전화)	010.2290.2589
24	서울특별시	강북구	우이동	73-134	이웅렬	민영주말농장	삼각산장애인주말농장	4,347	25.0	180	주차장, 화장실	10	선착순(전화)	010.9010.5323
25	서울특별시	도봉구	쌍문동	442-1	도봉구	공영주말농장	쌍문동 친환경나눔텃밭	7,176	10.0	60	화장실, 쉼터	10	홈페이지, 전화	02.2091.3212~3
26	서울특별시	도봉구	도봉동	8 외	도봉구	공영주말농장	도봉동 친환경영농체험장	23,000	10.0	0	화장실, 쉼터	10	홈페이지, 전화	02.2091.3212~3

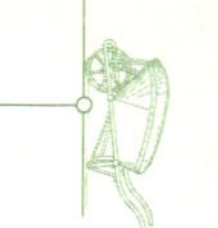

27	서울특별시	도봉구	창동	산154-1	도봉구	공영주말농장	초안산 근린공원 나눔텃밭	2,726	10.0	0	화장실, 쉼터	10	홈페이지, 전화	02.2091.3212~3
28	서울특별시	도봉구	창동	1-7	도봉구	공영주말농장	창동 도시농업 시범공원 나눔텃밭	3,394	10.0	0	화장실, 쉼터	10	홈페이지, 전화	02.2091.3212~3
29	서울특별시	도봉구	창동	산177	도봉구	공영주말농장	세대공감 텃밭	540	10.0	0	-	10	홈페이지, 전화	02.2091.3212~3
30	서울특별시	도봉구	창동	산157	도봉구	공영주말농장	초안산 생태공원 나눔텃밭	320	10.0	0	쉼터	10	홈페이지, 전화	02.2091.3212~3
31	서울특별시	도봉구	도봉동	194-31	도봉구	공영주말농장	도봉동 공동체 나눔텃밭	228	10.0	0	-	10	홈페이지, 전화	02.2091.3212~3
32	서울특별시	도봉구	방학동	571	이광순	민영주말농장	정의공주	6,000	13.0	130	-	10	전화, 방문	010.6683.7667
33	서울특별시	도봉구	방학동	533-3	정우영	민영주말농장	영 희 네	2,250	15.0	120	-	10	전화, 방문	010.7472.0472
34	서울특별시	도봉구	방학동	534	윤신남	민영주말농장	샘 골	1,650	17.0	120	-	10	전화, 방문	010.4056.4790
35	서울특별시	도봉구	도봉동	469	이남경	민영주말농장	무 수 골	16,000	13.0	120	-	10	전화, 방문	010.4722.7036
36	서울특별시	도봉구	도봉동	384-10	김종기	민영주말농장	도 봉 산	1,548	13.0	120	-	10	전화, 방문	010.3406.3168
37	서울특별시	도봉구	도봉동	437	이석봉	민영주말농장	도봉예전	3,795	13.2	120	-	10	전화, 방문	010.8959.5968
38	서울특별시	도봉구	도봉동	380	이창심	민영주말농장	도봉산초원	4,457	13.0	120	-	10	전화, 방문	010.6255.1829
39	서울특별시	도봉구	도봉동	468	윤신자	민영주말농장	웰 빙	2,264	13.0	120	-	10	전화, 방문	010.3716.1492
40	서울특별시	도봉구	도봉동	543	기명국	민영주말농장	만세동	10,000	13.0	110	-	10	전화, 방문	010.5245.9448
41	서울특별시	도봉구	도봉동	384-1	백민현	민영주말농장	초록향기	2,924	13.0	120	-	10	전화, 방문	010.7101.5364
42	서울특별시	도봉구	도봉동	431-5	유기철	민영주말농장	단 비 네	1,300	13.0	120	-	10	전화, 방문	010.8639.6528
43	서울특별시	도봉구	방학동	392	정기원	민영주말농장	힐 링	1,921	13.0	120	-	10	전화, 방문	010.3111.9553
44	서울특별시	노원구	상계동	128-1	노원구	공영주말농장	고갯마루텃밭	2,843	10.0	50	-	9	홈페이지	02.2216.3490
45	서울특별시	노원구	상계동	95-372	노원구	공영주말농장	불암허브공원 텃밭	1,100	10.0	50	-	9	홈페이지	02.2216.3490
46	서울특별시	노원구	상계동	1314	상계1동	공영주말농장	수락리버시티 텃밭	3,579	10.0	30	-	9	홈페이지	02.2216.2722
47	서울특별시	노원구	상계3,4동	7-113	상계3,4동	공영주말농장	상계3.4동 채비지 텃밭	104	10.0	20	-	9	홈페이지	02.2216.2811
48	서울특별시	노원구	상계3,4동	5-16	상계3,4동	공영주말농장	상계3.5동 채비지 텃밭	133	10.0	20	-	9	홈페이지	02.2216.2812

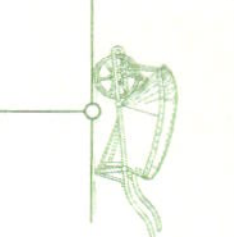

49	서울특별시	노원구	중계동	453-41	중계4동	공영주말농장	중계4동 지령 이텃밭	1,294	10.0	20	–	9	홈페이지	02.2216.2729
50	서울특별시	노원구	중계동	산-114	마명선	민영주말농장	천수텃밭농원	6,362	14.0	130	–	9	해당농장	010.6426.2153
51	서울특별시	노원구	상계동	127-3	민영	민영주말농장	상계주말농장	10,000	15.0	100	–	9	해당농장	010.9160.1970
52	서울특별시	은평구	불광동	458-1	은평구	공영주말농장	향림텃밭	2,320	10.0	20	수도시설, 화장실	8	홈페이지	02.351.8004
53	서울특별시	서대문구	경기도 고양시 덕양구 내곡동	104-3	서대문구	민영주말농장	지도농장	2,475	16.5	60	–	10	이메일, 전화, 방문신청	010.5411.5142
54	서울특별시	서대문구	경기도 양주시 장흥면 삼상리	446-12	서대문구	민영주말농장	여울농장	2,475	16.5	70	–	10	이메일, 전화, 방문신청	010.5277.3085
55	서울특별시	마포구	상암동	1691	마포구	공영주말농장	상암두레텃밭	2,342	16.5	무료	쉼터	9	방문,이메일	02.3153.9557
56	서울특별시	고양시 덕양구	덕은동	569-3	마포구	공영주말농장	삼각교육텃밭	1,140	"8.25(개인) 16.5(단체)"	무료	쉼터	9	방문, 이메일	02.3153.9557
57	서울특별시	양천구	신월동	350-42	농장주	민영주말농장	지양주말농장	3,960	16.5	100	농기구 창고 등	10	전화	010.5515.2956
58	서울특별시	양천구	신월동	728-9,10,11	농장주	민영주말농장	신정자연주말농장	12,800	16.5	100	농기구 창고 등	10	전화	010.8356.7556
59	서울특별시	강서구	오곡동	417-2 외	강서구	공영주말농장	오곡텃밭	8,500	10.0	30	쉼터, 주차장, 세면장, 화장실, 흙먼지 털이기계 등	8	홈페이지	02.2600.6292
60	서울특별시	강서구	과해동	22-2 외	강서구	공영주말농장	힐링텃밭	6,404	10/16.5/33	30/50/100	쉼터, 주차장, 세면장, 화장실, 흙먼지 털이기계 등	8	홈페이지	02.2600.6292
61	서울특별시	강서구	오곡동	518-2 외 1	강한성	민영주말농장	과해주말농장	8,192	13.0	70	쉼터, 주차장, 세면장, 화장실,등	8	유선신청 등	010.3720.9520
62	서울특별시	강서구	개화동	643-3 외 2	전우신	민영주말농장	개화텃밭농장	9,712	16.5	70	쉼터, 주차장, 세면장, 화장실,등	8	유선신청 등	010.9085.1497
63	서울특별시	강서구	오쇠동	151-11	한기범	민영주말농장	행복한도시농장	5,127	16.5	60	쉼터, 주차장, 세면장, 화장실,등	8	유선신청 등	010.3380.4536
64	서울특별시	구로구	궁 동	4번지등5	구로구	공영주말농장	궁동1구역	3,310	16.0	60	관리실,급수시설, 화장실"	9	홈페이지	010.9870.2480

65	서울특별시	구로구	궁동	53-2등3	구로구	공영주말농장	궁동2구역	4,228	16.0	60	관리실,급수시설, 화장실,주차장, 쉼터"	9	홈페이지	010.9870.2480
66	서울특별시	구로구	궁동	70-1등3	구로구	공영주말농장	궁동3구역	5,524	16.0	60	관리실,급수시설, 화장실,주차장, 쉼터"	9	홈페이지	010.9870.2480
67	서울특별시	구로구	궁동	125	구로구	공영주말농장	궁동4구역	3,501	16.0	60	관리실,급수시설, 화장실"	9	홈페이지	010.9870.2480
68	서울특별시	구로구	궁동	59번지등4	구로구	공영주말농장	공동체텃밭	4,409	16.0	-	급수시설,주차 장,쉼터	9	홈페이지	010.9870.2480
69	서울특별시	영등포구	문래동	55-6	영등포구	기타(도시텃밭)	문래동 공공공 지 도시텃밭	3,964	6.0	무료	화장실, 원두막, 족구장	8	메일,방문 접수	02.26703417
70	서울특별시	강서구	오쇠동	102-4	영등포구	공영주말농장	꿈이닿은농장	1,980	13.0	40	화장실, 원두막	8	메일,팩스, 방문 접수	02.2670.3376 2068.5326
71	서울특별시	인천시 계양구	다남동	103-33 외 6 필지	영등포지 역자활 센터	공영주말농장	호미질주말농장	2,574	17.3	120	화장실, 식수대	10	팩스, 방문 접수	02.848.0600
72	서울특별시	동작구	대방동	340-4	동작구	공영주말농장	동작주말농장	4,600	10.0	30	주차장, 휴게시설, 농기구보관소 등"	8	방문	02.820.1368
73	서울특별시	관악구	봉천동	556-90	관악구	공영주말농장	청룡산 마을 텃밭	650	2~2.5	50	가재보	8	홈페이지, 방문	02.879.6572
74	서울특별시	관악구	신림동	산86-1	개인	민영주말농장	삼성산 주말 농장	9,900	-	-	-		개인운영	010.3780.7719
75	서울특별시	서초구	내곡동	1-16	서초구	공영주말농장	신흥텃밭	1,600	16.0	100	화장실, 주차장	8	홈페이지	02.2155.6876
76	서울특별시	서초구	신원동	225	서초구	공영주말농장	청룡텃밭	10,989	14.0	100	화장실, 주차장	8	홈페이지	02.2155.6876
77	서울특별시	서초구	내곡동	305	서초구	공영주말농장	안골텃밭	2,086	14.0	70	화장실, 주차장	8	홈페이지	02.2155.6876
78	서울특별시	서초구	내곡동	287	서초구	공영주말농장	꽃초롱텃밭	1,084	14.0	70	주차장	8	홈페이지	02.2155.6876
79	서울특별시	서초구	원지동	산 34-1	이종민	민영주말농장	칠성농원	760	10.0	120	화장실, 주차장	9	개별신청	011.342.1438
80	서울특별시	서초구	내곡동	1-199	한권수	민영주말농장	성심농원	3,321	24.0	200	화장실, 주차장	9	개별신청	011.762.8488
81	서울특별시	서초구	신원동	169-1	김형찬	민영주말농장	지심원	1,836	17.0	200	화장실, 주차장	9	개별신청	010.3759.0399
82	서울특별시	서초구	방배동	산 139	정화영	민영주말농장	남태령주말농장	2,310	16.5	100	화장실, 주차장	9	개별신청	010.9043.5421
83	서울특별시	서초구	원지동	227	김대원	민영주말농장	대원농장	16,500	10.0	130	화장실, 주차장	9	홈페이지	010.5497.4187
84	서울특별시	서초구	내곡동	1-2808	한정원	민영주말농장	들꽃풍경	4,515	10	150	화장실, 주차장	9	개별신청	010.6363.4477

No.														
85	서울특별시	서초구	신원동	221-2	이재훈	민영주말농장	서초농장	1,650	11.5	110	화장실, 주차장	9	개별신청	010.7463.9690
86	서울특별시	서초구	염곡동	26	조영무	민영주말농장	염곡주말농장	3,250	12.0	130	화장실, 주차장	9	개별신청	010.3712.8198
87	서울특별시	서초구	신원동	44-2	최천택	민영주말농장	옛골텃밭농원	2,605	10.0	120	화장실, 주차장	9	개별신청	010.4465.5501
88	서울특별시	서초구	원지동	254	정혜천	민영주말농장	진주농장	660	9.9	80	화장실, 주차장	9	개별신청	010.5475.3581
89	서울특별시	서초구	원지동	496-5	조규철	민영주말농장	청계주말농장	4,950	10.0	120	화장실, 주차장	9	개별신청	010.6273.1234
90	서울특별시	서초구	원지동	526	박인신	민영주말농장	청계진주주말농장	910	10.0	100	화장실, 주차장	9	개별신청	011.345.2670
91	서울특별시	강남구	수서동	370	강남구	공영주말농장	강남친환경도시텃밭	3,067	12.5	70	휴계실 등	10	홈페이지	02.3423.5512
92	서울특별시	송파구	방이동	445-18	송파구	공영주말농장	솔이텃밭	4,770	15.0	60	관수,사무실,화장실	12	홈페이지	010.1111.1111
93	서울특별시	송파구	방이동	433-3	허용무	민영주말농장	둔굴농장	5,000	13.0	70	–	12	홈페이지	010.8735.9733
94	서울특별시	송파구	방이동	444-18	개인	민영주말농장	올림픽농장	2,500	22.0	100	–	12	홈페이지	010.3739.3119
95	서울특별시	송파구	방이동	444-14	홍혜정	민영주말농장	오륜농장	9,900	16.0	60	–	12	홈페이지	016.9808.1926
96	서울특별시	송파구	방이동	436-52	이형창	민영주말농장	태현텃밭	8,250	17.0	170	–	12	홈페이지	010.2251.9604
97	서울특별시	강동구	강일동	33-3외2	강동구	공영주말농장	강일텃밭	3,810	12.0	60	야외테이블, 농막	9	강동구 도시농업포털	02.3425.6552
97	서울특별시	강동구	암사동	189	김관태	민영주말농장	선사주말농장	2,772	10.0	60	화장실, 주차장	12	개별신청	016.785.7814
98	서울특별시	강동구	강일동	138-17외2	강동구	공영주말농장	가래여울텃밭	10,356	12.0	60	야외테이블, 농막	9	강동구 도시농업포털	02.3425.6553
98	서울특별시	강동구	둔촌동	120-2	이종철	민영주말농장	둔촌유기농텃밭	4,005	16.0	110	화장실, 주차장	12	개별신청	010.2609.6419
99	서울특별시	강동구	둔촌동	118-1	강동구	공영주말농장	둔촌텃밭	6,411	12.0	70	야외테이블, 농막	9	강동구 도시농업포털	02.3425.6554
99	서울특별시	강동구	둔촌동	125-1	유병연	민영주말농장	둔촌텃밭농원	6,974	16.0	90	화장실, 주차장	12	개별신청	010.8484.3909
100	서울특별시	강동구	길동	36-2	강동구	공영주말농장	길동텃밭	4,761	12.0	70	야외테이블, 농막	9	강동구 도시농업포털	02.3425.6555
100	서울특별시	강동구	암사동	603-5	김동철	민영주말농장	토끼굴텃밭농원	10,000	12.0	100	화장실, 주차장	12	개별신청	010.8783.4520
101	서울특별시	강동구	암사동	603-3외1	강동구	공영주말농장	암사텃밭	6,017	12.0	70	야외테이블, 농막	9	강동구 도시농업포털	02.3425.6556
101	서울특별시	강동구	상일동	469-3	김한술	민영주말농장	동양사주말농장	1,600	12.0	100	화장실, 주차장	12	개별신청	02.481.5854
102	서울특별시	강동구	암사동	195외1	강동구	공영주말농장	양지텃밭	5,766	12.0	70	야외테이블, 농막	9	강동구 도시농업포털	02.3425.6557

102	서울특별시	강동구	암사동	207-4	이영근	민영주말농장	암사동농장	2,937	13.0	100	화장실, 주차장	12	개별신청	010.5393.1815	
103	서울특별시	강동구	상일동	12외1	강동구	공영주말농장	상일텃밭	9,657	12.0	60	야외테이블, 농막, 퍼걸러	9	강동구 도시농업포털	02.3425.6558	
103	서울특별시	강동구	암사동	337-1	김상철	민영주말농장	암사주말농장	3,000	23.0	100	화장실, 주차장	12	개별신청	010.8389.7703	
104	서울특별시	강동구	고덕동	334	김창영	민영주말농장	고덕주말농장	7,459	16.0	100	화장실, 주차장	12	개별신청	010.8484.3909	
105	서울특별시	강동구	암사동	380-9	유병연	민영주말농장	암사가족농원	9,078	15.0	100	화장실, 주차장	12	개별신청	010.8484.3909	
106	서울특별시	강동구	고덕동	479	어인경	민영주말농장	고덕주말농장2	8,192	13.0	70	화장실, 주차장	12	개별신청	010.3720.9520	
107	서울특별시	강남구	수서동	368	이동표	민영주말농장	수서주말농장	2,640	17.0	130	화장실, 주차장	12	개별신청	010.9093.3116	
108	서울특별시	양천구	신월동	160-2	유경인	민영주말농장	유한농원	9,000	15.0	100	화장실, 주차장	12	개별신청	011.752.3912	
109	서울특별시	서초구	염곡동	26	조영무	민영주말농장	염곡주말농장	3,250	12.0	130	화장실, 주차장	12	개별신청	010.3712.8198	
110	서울특별시	서초구	내곡동	1-276	이순이	민영주말농장	내곡주말농장	1,433	17.0	100	화장실, 주차장	12	개별신청	010.4334.6107	
111	서울특별시	송파구	방이동	364-17	이창길	민영주말농장	산골주말농장	5,610	15.0	100	화장실, 주차장	12	개별신청	010.4500.2754	
112	서울특별시	송파구	방이동	436-18	박명천	민영주말농장	우리농원	33,000	17.0	100	화장실, 주차장	12	개별신청	010.8880.5189	
113	서울특별시	송파구	방이동	433-3	허용무	민영주말농장	둔굴주말농장	5,000	13.0	700	화장실, 주차장	12	개별신청	010.8734.9733	
114	서울특별시	구로구	궁동	1-2	김순득	민영주말농장	궁동주말농장	2,000	13.0	100	화장실, 주차장	12	개별신청	010.8214.6190	
115	서울특별시	구로구	궁동	8-3	박성준	민영주말농장	삼거리주말농장	4,950	17.0	80	화장실, 주차장	12	개별신청	010.8837.3415	
116	서울특별시	은평구	진관동	272-3	모순복	민영주말농장	북한산주말농장	7,000	17.0	130	화장실, 주차장	12	개별신청	010.5317.1065	
117	부산광역시	강서구	명지동	3242-2외1	부산광역시	주말농장	명지공영시민텃밭	27,100	23	60	주차장,화장실 등	1년	홈페이지 등	051.888.4985	
118	부산광역시	기장군	철마면 웅천리	311외2	부산광역시	주말농장	동부산권공영시민텃밭	7,982	23	60	주차장,화장실 등	1년	홈페이지 등	051.888.4982	
119	대구광역시	동구	금강동	272-2	안심종합사회복지관	주말농장	안심농장	1,650	정보없음	무상분양	-	10	전화	053.962.4137	동구거주자, 지정교육이수자
120	대구광역시	동구	율하동	1413	사회적협동조합동행	주말농장	LH율하나눔텃밭	12,540	20	무상분양	-	10	홈페이지, 전화	070.4848.1959	안심1동거주자
121	대구광역시	동구	불로동	823-12, 823-14	동구청 창조경제과	주말농장	동구행복나눔텃밭	4,215	20	30천원/1구좌	-	10	전화	053.662.2656	동구거주자
122	대구광역시	북구	관음동	833	칠곡농협	주말농장	관음농장	1,691	1691	30천원/1구좌	물탱크	1	전화,방문	053.323.1401	

부록

123	대구광역시	북구	도남동	714-3외 2필	칠곡농협	주말농장	도남농장	2,050	2050	30천원/1구좌	물탱크,쉼터	1	전화,방문	053.323.1401	
124	대구광역시	북구	도남동	723-1외2필	도시농업사업단	주말농장	좋은이웃텃밭	3,654	3654	50천원/1구좌	물탱크,쉼터	1	전화,방문	053.326.0646	
125	대구광역시	북구	도남동	280외4필	개인	주말농장	국우농장	3,636	3636	60천원/10평	–	1	전화,방문	011.9999.8110	
126	대구광역시	수성구	지산동	16-1, 16-2, 18, 19	수성구청 직영	주말농장	조일골농장	5,913	20	50	주차장, 화장실, 농업용수	9	동주민센터 방문접수	010.8575.9883 (텃밭 소유자: 양구갑)	공영도시 농업농장
127	대구광역시	수성구	매호동	197, 198	수성구청 직영	주말농장	천을산농장	4,109	20	50	–	9	동주민센터 방문접수	국토부	공영도시 농업농장
128	대구광역시	수성구	가천동	109-2, 109-3	청소년협의회	공동경작 및 복지 사업운영	가천농장	658	658	무료	농업용수	12	위탁운영	국토부	도심속 행복농장
129	대구광역시	수성구	가천동	343	희망토도시농업연구회	"체험프로그램운영 및 주말농장"	천을산농장	12,563	12,563	무료	농업용수	12	위탁운영	국토부	도심속 행복농장
130	대구광역시	수성구	매호동	208, 209, 223, 232, 288											
131	대구광역시	수성구	성동	436-14	수성구 새마을회	공동경작 및 복지 사업운영	성동농장	1,841	1,841	무료	농업용수	12	위탁운영	국토부	도심속 행복농장
132	대구광역시	달서구	감삼동	41-6	죽전동주민센터	기타	폐공가텃밭	202.7	202.7	없음	–	1년	동주민센터 신청서 접수	667.4201	2017.6월 까지 동주민센터 무료 임차
133	대구광역시	달서구	대곡동	608	개인	기타	주말농장	1095	1095	없음	–	1년	전화및 현장 접수	632.3461 016.533.8458	
134	대구광역시	달서구	도원동	1231	개인	기타	주말농장	542	542	없음	–	1년	전화및 현장 접수	634.3826 010.494.3826	
135	대구광역시	달성군	옥포면 신당리	821	달성신당 정보화 마을	주말	달성신당정보화 마을 주말농장	3300	30	5천원/3.3㎡	–	1년	전화	053.668.3249	

번호	시도	시군구	읍면동	지번	운영주체	유형	농장명	면적	구획수	이용료	편의시설	운영기간	신청방법	연락처	비고
136	대구광역시	달성군	화원읍 본리리	1080-2	마비정벽화마을	주말	마비정벽화마을 주말농장	2640	30	10천원/3.3㎡	–	1년	전화	010.7365.2220	
137	대구광역시	달성군	화원읍 본리리	1145-11	개인	주말	마비정 초심 농장	4620	12	100천원/10㎡	–	1년	전화	053.631.8230	
138	대구광역시	달성군	다사읍 문양리	431	개인	주말	문양역 마천산 주말농장	3500	20	5천원/3.3㎡	–	1년	전화	010.3811.1599	
139	대구광역시	달성군	옥포면 기세리	794	개인	주말	아가원 주말 농장	5200	20	10천원/3.3㎡	–	1년	전화	010.9510.6604	
140	대구광역시	달성군	옥포면 교항리	2710	개인	주말	비슬육묘농장	3630	20	130천원/16.5㎡	–	1년	전화	010.7524.9975	
141	대구광역시	달성군	다사읍 문양리	960	개인	주말	대광 주말농장	12000	40	120천원/33㎡	–	1년	전화	010.6363.6444	
142	대구광역시	달성군	다사읍 이천리	661	개인	주말	강변힐링 주말 농장	2585	50	10천원/3.3㎡	–	1년	전화	010.8834.6293	
143	대구광역시	달성군	하빈면 묘리	778	개인	주말	육신사 성원 농장	2000	40	무료	–	1년	전화	010.2324.3908	
144	인천광역시	연수구	연수동	581-2	연수구	주말농장	사랑텃밭	3,300	20	30	창고, 화장실	7	홈페이지, 방문	032.749.7793	연수구 거주민 신청 가능
145	인천광역시	연수구	송도동	107-1	연수구	주말농장	행복텃밭	3,465	20	30	창고, 화장실	7	홈페이지, 방문	032.749.7793	연수구 거주민 신청 가능
146	인천광역시	연수구	선학동	216-3	연수구	주말농장	선학텃밭	9,997	20	30	창고, 화장실	7	홈페이지, 방문	032.749.7793	연수구 거주민 신청 가능
147	인천광역시	서구	시천동	3-16외5 필지	박인숙	주말농장	꽃뫼주말농장	7,853	7,853	100	주차장,화장실,체험장,쉼터	10 개월	전화	010.5443.1944	민영
148	인천광역시	서구	경서동	청라 LH부지	푸르미 텃밭 위원회	주말농장	청라푸르미텃밭	8,910	8,910	20	쉼터,관리동 등	10 개월	전화	010.3849.1792	한시적 운영
149	인천광역시	서구	경서동	수도권매립지 부지	드림파크 문화재단	주말농장	드림파크힐링 텃밭	6,000	6,000	10	주차장,화장실,체험장,쉼터	10 개월	전화	032.560.9951	

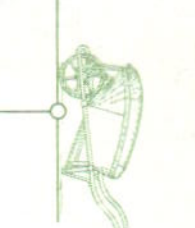

150	인천광역시	서구	불로동	4-1외1필지	권순표	주말농장	불로농원	3,300	3,300	100	주차장,화장실,쉼터	10개월	전화	032.432.1900	
151	인천광역시	서구	경서동	628외1필지	자산관리공사	주말농장		10,000	10,000	10		10개월	전화	032.509.1574	한시적 운영
152	인천광역시	부평	갈산동	403	부평구	기타유형	상자텃밭교실	37	37	10~20	주차장, 화장실	7개월(5월~11월)	홈페이지(http://bpgncce.icbp.go.kr)	032.509.6214	초등학생 자녀를 둔 부평구 거주 가족
153	인천광역시	계양구	병방동	217-4	개인	주말농장	씨아이플라워 주말농장	-	10,000	하우스 170(5평) 노지 150(10평)	주차장,화장실,모종판매장	3~11	전화 / 인터넷 / 농장방문신청	010.9160.7987 032.548.7987	
154	인천광역시	계양구	박촌동	6-8외 14필지	개인	주말농장	계양테마농장	59,400	26,400	10/3.3㎡	화장실,샤워장,주차장 매점	3~11	전화 / 농장방문신청	"032.548.4443 010.2254.5792	
155	인천광역시	계양구	귤현동	349 외	개인	주말농장	귤현웰빙주말농장	14,850	10,000	12/3.3㎡	화장실, 주차장, 휴게실	3~11	전화	010.5477.4571	
156	인천광역시	남동구	남촌동	102	남인천농협	주말농장	남인천농협 주말농장	5,318	17	60	급수, 휴게시설, 화장실	16.3월~11월	전화	010.2412.6845	
157	인천광역시	남동구	남촌동	244-1	개인	주말농장	남영 주말농장	1,970	8	50	급수, 휴게시설, 화장실	16.3월~11월	전화	010.2358.7664	
158	인천광역시	남동구	남촌동	241-3	개인	주말농장	남촌동 주말농장	2,975	33	100	화장실	16.3월~11월	전화	010.3768.9536	
159	인천광역시	남동구	남촌동	232-1	개인	주말농장	새로운 주말농장	3,865	33	100	급수시설	16.3월~11월	전화	010.2490.6254	
160	인천광역시	남동구	남촌동	510-8	남동구청	주말농장	남동구 공공주말농장	15,071	17	20	급수, 휴게시설, 화장실	16.3월~11월	방문, 홈페이지	032.453.2703	
161	인천광역시	남동구	논현동	51-2	개인	주말농장	오봉산 주말농장	7,025	33	100	급수, 휴게시설, 화장실	16.3월~11월	전화	010.3206.0360	
162	인천광역시	남동구	도림동	5	인천교구청	주말농장	만수6동성당 주말농장	4,145	33	100	급수, 휴게시설, 화장실	16.3월~11월	전화	010.5342.7176	
163	인천광역시	남동구	도림동	116-1	인천도시농업네트워크	주말농장	논고개텃밭	4,112	10	60	휴게시설,화장실	16.3월~11월	전화	032.201.4549	

164	인천광역시	남동구	도림동	439	개인	주말농장	푸르미 주말농장	6,710	33	100	급수, 휴게시설, 화장실	16.3월~11월	전화	010.2906.9459	
165	인천광역시	남동구	도림동	526-1	남동희망공간	주말농장	남동희망공간 주말농장	3,028	50	100	–	16.3월~11월	전화	010.8764.4000	
166	인천광역시	남동구	만수동	756-1	개인	주말농장	태현농장	7,536	33	100	급수, 휴게시설, 화장실	16.3월~11월	전화	010.3730.3886	
167	인천광역시	남동구	서창동	15-2	인천도시농업네트워크	주말농장	서창텃밭	2,506	10	60	휴게시설,화장실	16.3월~11월	전화	032.201.4549	
168	인천광역시	남동구	서창동	산 30-1	갱인	주말농장	고씨네 주말농장	13,591	33	100	급수, 휴게시설, 화장실	16.3월~11월	전화	010.3309.5288	
169	인천광역시	남동구	수산동	13-1	남동구청	주말농장	남동구 실버농장	7,070	20	무료	급수, 휴게시설, 화장실	16.3월~11월	방문신청	032.466.8836	
170	인천광역시	남동구	운연동	4	인천사람연대	주말농장	지렁이 주말농장	1,864	17	50	급수, 휴게시설	16.3월~11월	전화	010.4105.8378	
171	인천광역시	남동구	장수동	117-1	개인	주말농장	만의골 주말농장	2,516	23	100	급수, 휴게시설, 화장실	16.3월~11월	전화	010.6412.7999	
172	인천광역시	남동구	장수동	154	개인	주말농장	청정 주말농장	3,652	17	100	급수, 휴게시설, 화장실	16.3월~11월	전화	010.3721.7944	
173	인천광역시	남동구	장수동	175-3	개인	주말농장	알뜰 주말농장	1,854	26	100	급수, 휴게시설, 화장실	16.3월~11월	전화	010.8981.9706	
174	인천광역시	남동구	서창동	10-1	개인	주말농장		1,239	–	0	–	16.3월~11월	전화	010.3782.8244	
175	광주광역시	동구	소태동	94	광주 동구	주말농장	행복키움주말농장	2367	16	30	관수시설, 원두막, 농기구함, 주차공간 등	10	방문 및 전화	062.608.2722	광주 동구 주민
176	광주광역시	동구	내남동	184	광주 동구	주말농장	행복키움주말농장	2003	16	30	관수시설, 휴게쉼터, 농기구함 등	10	방문 및 전화	062.608.2722	광주 동구 주민
177	광주광역시	동구	용연동	423-1	광주 동구	주말농장	행복키움주말농장	935	16	30	파고라, 농기구함 등	10	방문 및 전화	062.608.2722	광주 동구 주민
178	광주광역시	서구	양동	406	(사)광주도시농업포럼	주말농장	도시텃밭	3,600	9.9	30	–	9개월	전화	010.4650.8421	

179	광주광역시	서구	금호동	60-14	개인	주말농장	마제텃밭	2,153	33	200	–	12개월	전화	010.4603.8806
180	광주광역시	서구	용두동	656-8	개인	주말농장	봉산주말농장	6,600	33	100	–	12개월	전화	010.3163.3745
181	광주광역시	서구	풍암동	556-1	개인	주말농장	풍암호수공원주말농장	6,000	33	200	–	12개월	전화	062.680.2870
182	광주광역시	북구	청풍동	420-1외2	개인	주말농장	우리두리주말농장	5,620	40	80	쉼터,수도,동물농장 등	10개월(2월말~11월말)	전화신청	010.3602.2956
183	광주광역시	북구	청풍동	1311-3	개인	주말농장	분토농업주말농장	6,600	16.5/33	60/100	수도, 쉼터	12개월(3월~익년 2월말)	전화신청	010.3607.4021
184	광주광역시	북구	장등동	803	개인	주말농장	해피팜주말농장	3,300	16.5	90	수도, 쉼터, 그네등	12개월(3월~익년 2월말)	전화신청	010.7722.3485
185	광주광역시	광산구	도천동	522	비아동주민센터	주말농장	행복둥지텃밭 1호	515	13	3	없음	12	주민센터로 방문해 신청	062.960.7694
186	광주광역시	광산구	비아동	441	행복둥지 아산마을 사람들	주말농장	행복둥지텃밭 2호	730	14	5	수도시설	12	주민센터로 방문해 신청	062.960.7694
187	광주광역시	광산구	소촌동	420	어룡동주민자치위원회	체험농장	솔머리행복텃밭	9,738	15	30	–	12(24개월 연작 가능)	신청기간내 방문접수	062.960.7644
188	대전광역시	동구	세천동	285	개인	주말농장	–	840	30	40	접근성	3-11월	방문, fax	042.251.4645
189	대전광역시	동구	세천동	246	개인	주말농장	–	300	30	40	접근성	3-11월	방문, fax	042.251.4645
190	대전광역시	동구	세천동	211-1	개인	주말농장	–	900	30	40	접근성	3-11월	방문, fax	042.251.4645
191	대전광역시	동구	세천동	26-8	개인	주말농장	–	161	32	40	식수대	3-11월	방문, fax	042.251.4645
192	대전광역시	동구	신상동	218	개인	주말농장	–	1,650	30	40	화장실	3-11월	방문, fax	042.251.4645
193	대전광역시	동구	이사동	92,93	개인	주말농장	–	1034	30	40	–	3-11월	방문, fax	042.251.4645
194	대전광역시	중구	유천동	339	중구 경제기업과	자율형	유일나눔텃밭	1646.2	1646.2	30	주차장	4-11월	신청서 제출	042.606.6554
195	대전광역시	서구	갈마동	424-5외5	서구 일자리경제정책실	주말농장	갈마텃밭	6,550	20	무료	–	4.11-12.10	개별신청	042.611.6731

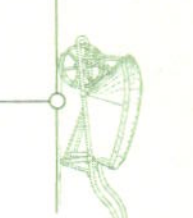

196	대전광역시	서구	도안동	1365외 1,	서구 일자리경제정책실	주말농장	도안텃밭	7634	20	무료	–	4.11-12.10	개별신청	042.611.6731	
197	대전광역시	유성구	용계동	452-1	유성구 지역경제과	주말농장	용계	4,095	5가구150	150	수도, 쉼터	3-11월	인터넷	042.611.6731	
198	대전광역시	유성구	관평동	577-2	유성구 지역경제과	주말농장	관평	3,444	5가구150	150	수도, 쉼터	3-11월	인터넷	042.611.6731	
199	대전광역시	유성구	외삼동	338-7	유성구 지역경제과	주말농장	외삼	2,886	5가구150	150	수도, 쉼터	3-11월	인터넷	042.611.6731	
200	대전광역시	유성구	죽동	228-6	유성구 지역경제과	주말농장	죽동	5,000	5가구150	150	수도, 쉼터	3-11월	인터넷	042.611.6731	
201	대전광역시	대덕구	법동	46-4일원	대덕구 경제과	주말농장	송촌 나눔텃밭 1-1	500	10	30	수도	4-11월	홈페이지	042.608.6944	
202	대전광역시	대덕구	송촌동	77-2일원	대덕구 경제과	주말농장	송촌 나눔텃밭 1-2	1150	10	30	수도	4-11월	홈페이지	042.608.6944	
203	대전광역시	대덕구	법동	288일원	대덕구 경제과	주말농장	법1 나눔텃밭 1	900	10	30	수도	4-11월	홈페이지	042.608.6944	
204	대전광역시	대덕구	석봉동	774	대덕구 경제과	주말농장	석봉 나눔텃밭 1	1600	10	30	수도	4-11월	홈페이지	042.608.6944	
205	대전광역시	대덕구	대화동	251-3외 3필지	대덕구 대화동	주말농장	대화 나눔텃밭 1	900	10	30	–	4-11월	홈페이지	042.608.5642	
206	대전광역시	대덕구	대화동	35-699	대덕구 대화동	주말농장	대화 나눔텃밭 2	100	10	30	–	4-11월	홈페이지	042.608.5642	
207	대전광역시	대덕구	대화동	35-102	대덕구 대화동	주말농장	대화 나눔텃밭 3	50	10	30	–	4-11월	홈페이지	042.608.5642	
208	대전광역시	대덕구	읍내동	247-3	대덕구 회덕동	주말농장	회덕 나눔텃밭 1	600	10	30	–	4-11월	홈페이지	042.608.5669	
209	대전광역시	대덕구	읍내동	357-4	대덕구 회덕동	주말농장	회덕 나눔텃밭 2	300	10	30	–	4-11월	홈페이지	042.608.5669	
210	대전광역시	대덕구	비래동	산33-2	대덕구 비래동	주말농장	비래 나눔텃밭 1	200	10	30	–	4-11월	홈페이지	042.608.5686	

211	대전광역시	대덕구	비래동	239-1	대덕구 비래동	주말농장	비래 나눔텃밭 2	100	10	30	–	4-11월	홈페이지	042.608.5686	
212	대전광역시	대덕구	비래동	309-11	대덕구 비래동	주말농장	비래 나눔텃밭 3	200	10	30	–	4-11월	홈페이지	042.608.5686	
213	대전광역시	대덕구	비래동	14-3일원	대덕구 비래동	주말농장	비래 나눔텃밭 4	300	10	30	–	4-11월	홈페이지	042.608.5686	
214	대전광역시	대덕구	송촌동	51-3	대덕구 송촌동	주말농장	송촌 나눔텃밭 2	850	10	30	–	4-11월	홈페이지	042.608.5712	
215	대전광역시	대덕구	중리동	383-11	대덕구 중리동	주말농장	중리 나눔텃밭 1	120	10	30	–	4-11월	홈페이지	042.608.5725	
216	대전광역시	대덕구	중리동	355-9	대덕구 중리동	주말농장	중리 나눔텃밭 2	560	10	30	–	4-11월	홈페이지	042.608.5725	
217	대전광역시	대덕구	중리동	115	대덕구 중리동	주말농장	중리 나눔텃밭 3	390	10	30	–	4-11월	홈페이지	042.608.5725	
218	대전광역시	대덕구	법동	12	대덕구 법2동	주말농장	법2 나눔텃밭 1	660	10	30	–	4-11월	홈페이지	042.608.5763	
219	대전광역시	대덕구	신탄진동	24-2, 25	대덕구 신탄진동	주말농장	신탄진 나눔텃밭 1	479	10	30	–	4-11월	홈페이지	042.608.5786	
220	대전광역시	대덕구	석봉동	186-19	대덕구 석봉동	주말농장	석봉 나눔텃밭 2	200	10	30	–	4-11월	홈페이지	042.608.5803	
221	대전광역시	대덕구	덕암동	258-3	대덕구 덕암동	주말농장	덕암 나눔텃밭 1	330	10	30	–	4-11월	홈페이지	042.608.5823	
222	대전광역시	대덕구	덕암동	22-5	대덕구 덕암동	주말농장	덕암 나눔텃밭 2	110	10	30	–	4-11월	홈페이지	042.608.5823	
223	대전광역시	대덕구	상서동	153-1,3	대덕구 덕암동	주말농장	덕암 나눔텃밭 3	200	10	30	–	4-11월	홈페이지	042.608.5823	
224	대전광역시	대덕구	목상동	875	대덕구 목상동	주말농장	목상 나눔텃밭 1	300	10	30	–	4-11월	홈페이지	042.608.6843	
225	울산광역시	중구	약사동	1 외2필지	중구청	주말농장	중구 주말농장	1,396	13m	20	화장실	10개월	전화	052.290.3331	
226	울산광역시	남구	신정동	993-10	남구청	주말농장	퇴직자 도시농장	1,500	10	20	주차장	8개월	방문신청	052.226.5662	만60세 이상

227	울산광역시	동구	일산동	산43-2	동구청	주말농장	동구 주말농장	500	8.4	10	원두막 1, 평상 2, 물통2	8개월	서류신청	052.209.3537	
228	울산광역시	북구	달천동	119-7	민간(달천도시농부)	텃밭농장	달천도시텃밭	1,880	17	20	화장실	12개월	전화	010.4565.5854	해당 동 주민
229	울산광역시	북구	대안동	577	민간(지적장애인복지협회북구지부)	텃밭농장	대안도시텃밭	3,000	30	20	휴게실	12개월	전화	010.2950.0595	해당 동 주민
230	울산광역시	북구	양정동	산31-1	민간(양정동주민자치위원회)	텃밭농장	양정도시텃밭	600	12	20		12개월	전화	010.3850.7727	해당 동 주민
231	세종특별자치시		금남면	영대리 335	개인	주말농장		1,650	13	40	관수시설	12	전화	010.5450.8873	
232	세종특별자치시		아름동(세종청사 8동옆 17 주차장)		세종청사관리소,세종농협	주말농장	세종청사텃밭사랑	4,950	8	20	관수시설,화장실,주차장,휴게시설	12	홈페이지	044.864.6851	공무원(250구좌)세종시민(100구좌)
233	세종특별자치시		연서면	청라1길 6-6	개인	주말농장	세종나리마을	250	13	50	관수시설	12	전화,홈페이지	044.863.0454	
234	세종특별자치시		전동면	청송리 19	개인	주말농장	청송리웰촌남새밭	125	8	40	관수시설	10	전화	044.862.2114	
235	세종특별자치시		조치원읍	남리 56	개인	주말농장		500	13	50	관수시설	10	전화	011.406.2511	
236	세종특별자치시		조치원읍	남리 87-2	개인	주말농장		1,500	13	40	관수시설	10	전화	010.4680.0290	
237	강원도	춘천시	사북면	원평리 470-1	영농조합법인원평팜스테이마을(민간단체)	주말농장	원평팜스테이	991	991	10	주차장,식수대,화장실	10개월	홈페이지	010.2369.3431	

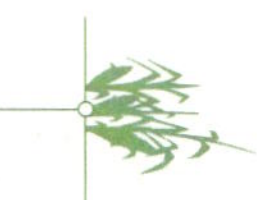

238	강원도	강릉시	구정면	여찬리 620-6	개인	주말농장	가족텃밭	1,322	1,322	15		3~12월	전화	033.644.5874	
239	강원도	강릉시	구정면	학산리 486	개인	주말농장	가족텃밭	7,636	3,305	10		3~12월	전화	033.647.9013	
240	강원도	속초시	교동 외 2개동	882-2번지 외 6개소	속초시	주말농장	주말가족농장	15,538	15,538	무료	없음	8개월	직접방문	033.633.2519	타지역 전입자 우선
241	강원도	속초시	노학동	1073-50	속초시	체험교육농장	새싹농장	1,922	500	무료	없음	7개월	전화	033.636.3334	대상: 관내 어린이집
242	충청북도	청주시 청원구	외평동	668-3, -4	최성인	농가직접운영	외평텃밭	3,001	20	50	하우스,주차장,이동식화장실	4.1~11.30	인터넷접수	010.9417.2385	
243	충청북도	청주시 청원구	주성동	183-1, -2,-3	최성인	농가직접운영	주성텃밭	4,307	20	50	하우스,주차장,이동식화장실	4.1~11.30	인터넷접수	010.9417.2385	
244	충청북도	청주시 흥덕구	원평동	105,106, 103-1	이태희	농가직접운영	원평텃밭	7,200	20	50	하우스,주차장,이동식화장실	4.1~11.30	인터넷접수	010.4420.8800	
245	충청북도	청주시 흥덕구	휴암동	412,413, 414-1,-2, 418-1,421	김희순	농가직접운영	휴암텃밭	8,549	20	50	하우스,주차장,이동식화장실	4.1~11.30	인터넷접수	010.4473.2821	
246	충청북도	청주시 흥덕구	석곡동	25-1, 26-2	박선호	농가직접운영	공고텃밭	9,542	20	50	하우스,주차장,이동식화장실	4.1~11.30	인터넷접수	010.5052.0133	
247	충청북도	청주시 흥덕구	석곡동	238	박선호	농가직접운영	저수지텃밭	9,542	20	50	하우스,주차장,이동식화장실	4.1~11.30	인터넷접수	010.5052.0133	
248	충청북도	청주시 흥덕구	석곡동	153	이영주	농가직접운영	공예골텃밭	4,566	20	50	하우스,주차장,이동식화장실	4.1~11.30	인터넷접수	010.6432.5667	
249	충청북도	청주시 상당구	산성동	35,32,34	김진찬	농가직접운영	산성텃밭	9,428	20	50	하우스,주차장,이동식화장실	4.1~11.30	인터넷접수	010.3425.7000	
250	충청북도	청주시 상당구	용정동	413-2	박광래	농가직접운영	용정텃밭	6,563	20	50	하우스,주차장,이동식화장실	4.1~11.30	인터넷접수	010.4588.7905	
251	충청북도	청주시 흥덕구	강내면 궁현리	산56-1	정용승	농가직접운영	강내텃밭	3,300	20	50	하우스,주차장,이동식화장실	4.1~11.30	인터넷접수	010.4699.1229	
252	충청북도	청주시 청원구	오창읍 탑리	202-2	김대동	농가직접운영	오창텃밭	1,498	20	50	하우스,주차장,이동식화장실	4.1~11.30	인터넷접수	010.8842.2926	

253	충청북도	청주시 상당구	남일면 효촌리	98,99	김학수	농가직접운영	남일텃밭	2,967	20	50	하우스,주차장,이 동식화장실	4.1~ 11.30	인터넷접수	010.5487.4247	
254	충청북도	청주시 흥덕구	옥산면 소로리	187-2,171	하성구	농가직접운영	옥산텃밭	6,027	20	50	하우스,주차장,이 동식화장실	4.1~ 11.30	인터넷접수	011.9840.1636	
255	충청북도	청주시 흥덕구	오송읍 만수리	286-1, 286-6	김연홍	민간위탁	오송텃밭	3,960	10	10	하우스,주차장,이 동식화장실	4.1~ 11.30	인터넷접수	010.2839.9297	
256	충청북도	충주시	동량면	대전리 1665	충주시	임대	도시민 녹색체 험 텃밭	3,000	1,620	무료	화장실,농기구창 고,주차장	3~11월	인터넷공고	043.850.3587	
257	충청북도	증평군	증평읍	초중리 309-6	정안 농촌 체험휴양 마을	주말농장	–	3,300	17	30~50	체험관, 숙박시설, 주차장, 화장실 등	8개월	전화신청	043.838.8228	
258	충청북도	증평군	증평읍	초중리 205	증안골 정보화 마을	주말농장	–	1,360	17	50	체험관, 숙박시설, 주차장, 화장실 등	8개월	전화신청	043.835.3893	
259	전라북도	남원시	운봉읍	294-1	지리산 허브	주말농장	허브체험관광 농원	1,980	33	100	주차장, 허브향전 시판매장	9	전화	063.620.6252	
260	전라북도	완주군	삼례읍	삼례리 194	완주군	주말농장	새터마을텃밭	1,578	33	40	급수시설, 농기구 보관함, 정자	8개월	메일,전화, 방문	063.290.2472	인근주민, 60세이상
261	전라북도	완주군	봉동읍	낙평리 303	완주군	주말농장	낙정마을텃밭	4,142	33	40	급수시설, 농기구 보관함, 정자	8개월	메일,전화, 방문	063.290.2472	인근주민, 60세이상
262	전라북도	완주군	봉동읍	둔산리 69	완주군	주말농장	신봉마을텃밭	7,500	33	40	급수시설, 정자, 주차장	8개월	메일,전화, 방문	063.290.2472	인근주민
263	전라북도	완주군	봉동읍	구미리 12-12	서두마을	주말농장	서두시민텃밭	4,700	33	40	급수시설, 정자, 주차장	8개월	메일,전화, 방문	010.3675.6833	전주시민
264	전라북도	완주군	용진읍	간중리 14-3	두억마을	주말농장	두억시민텃밭	7,200	33	40	급수시설, 정자, 주차장	8개월	메일,전화, 방문	010.3677.5339	전주시민
265	전라남도	광양시	봉강면	지곡리 862-19외	광양시 농업기술 센터	주말농장	농사체험학습장	2,000	17	10	주차장, 급수시설, 화장실 등	4월~ 12월	홈페이지, 내방	061.797.3788	
266	전라남도	나주시	빛가람동	536외 2개소	로컬푸드 나주배꽃 생활협동 조합	공원텃밭	혁신도시 공 원텃밭	3,300	10	50		9개월	방문,메일, 팩스	061.339.7413	

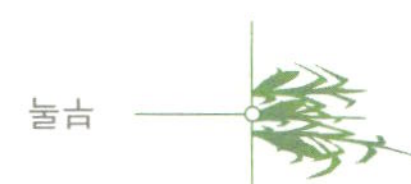

267	전라남도	화순군	화순읍	교리 247	화순군	가족텃밭	힐링가족텃밭	1,900	17	20	비가림쉼터	10개월	전화,내방	061.379.5442	
268	전라남도	화순군	화순읍	삼천리 48	개인	가족텃밭	힐링텃밭	2,970	17	20	비가림쉼터	10개월	전화,내방	010.8606.1751	
269	전라남도	화순군	도곡면	월곡리 672	개인	가족텃밭	고인돌텃밭농장	2,310	33	20	주차장	10개월	전화,내방	010.8600.6709	
270	전라남도	화순군	능주면	백암리	개인	체험교육농장	능주정보화마을텃밭	2,640	17	50	주차장	10개월	전화,내방	011.9604.6740	
271	경상북도	포항시	북구 두호동	산30-1	도시농업텃밭연구회	주말농장	행복텃밭	2,800	1,250	30	주차장,식수대	1년	전화	010.8580.9123	
272	경상북도	김천시	구성면	하강리44	김천시	주말농장	한평농원	2,800	33	20	주차장,쉼터	1년	인터넷	054.421.2607	김천시민
273	경상북도		남면	옥산리637	김천시	주말농장	한평농원	3,875	33	20	주차장,쉼터	1년	인터넷	054.421.2607	김천시민
274	경상북도	구미시	임은동	174	코오롱하늘체주민대표	주민체험농장	무	1,665	1,665	15	무	1년	공고	054.462.5100	
275	경상북도		고아읍	문성리1299	새마을지도자고아읍협의회	주말농장	무	2,260	2,260	무료	무	1년	전화	010.3546.6442	
276	경상북도	영주시	아지동	233-1	영주시	주말농장	농촌사랑도시텃밭	10,000	3,500	무료	화장실,세면장,쉼터3	1년	인터넷,우편,방문	010.4525.6200	영주시민
277	경상북도	예천군	감천	119	예천군	주말농장	예천온천주말농장	3,000	66	225,000원 상당의 온천 입욕권구입시	화장실,세면장,원두막,주차장	1년	방문접수	054.650.6588	선착순 접수
278	경상남도	진주시	집현면	장흥리 350	개인	주말농장	주말체험농장	760	10	50	주차장	12개월	전화	010.7559.9679	
279	경상남도	진주시	금산면	중천리 484	개인	주말농장	초록마을도시농부주말농장	2,400	10	50	주차장	12개월	전화	010.8515.2614	
280	경상남도	통영시	광도면	죽림리 376-1	통영시	주말농장	통영시주말농장	3,068	33	45	휴게실	12개월	전화,온라인	055.650.6213	
281	경상남도	김해시	생림면	마사리1640	개인	주말농장	의숙텃밭	4,290	16.5	60	쉼터, 화장실, 관수시설	10개월	전화	010.9233.9317	
282	경상남도	김해시	한림면	신천리 471-11	개인	주말농장	한림텃밭	3,300	16.5	70	쉼터, 화장실, 관수시설, 주차장	10개월	전화	010.3843.0596	

283	경상남도	김해시	진영읍	우동리 186-1	개인	주말농장	태평텃밭	4,620	16.5	60	쉼터, 화장실, 관수시설	10개월	전화	010.9517.1911	
284	경상남도	김해시	생림면	안양리817	개인	주말농장	무척산 관광예술원	1,650	16.5	100	쉼터, 화장실, 관수시설, 주차장	10개월	전화	010.3878.9143	
285	경상남도	김해시	생림면	마사리1556	개인	주말농장	생림면주말농장	8,250	16.5	50	쉼터, 화장실, 관수시설, 주차장	10개월	전화	010.4099.8588	
286	경상남도	김해시	한림면	가산리 191-2	개인	주말농장	생태체험학교 참빛	1,500	16.5	50	쉼터, 화장실, 관수시설, 주차장	10개월	전화	010.5041.6694	
287	경상남도	거제시	장평동	127	개인	주말농장	도심속웰빙지	2,145	33	미정		12개월	전화	055.632.1655	
288	경상남도	거제시	상문동	295-1	거제시	주말농장	거제시주말농장	430	18	무료	주차장	12개월	방문신청	055.639.6454	
289	경상남도	거제시	상문동	295-2	거제시	주말농장	거제시주말농장	825	18	무료	주차장	12개월	방문신청	055.639.6454	
290	경상남도	거제시	상문동	381	거제시	주말농장	거제시주말농장	6,270	18	무료	주차장	12개월	방문신청	055.639.6454	
291	경상남도	양산시	물금읍	범어리 622	개인	개인	범어주말농장	2,225	33	120	용수시설,창고	12개월	전화	010.7270.2862	
292	경상남도	양산시	물금읍	증산리 841-22	개인	개인	물금주말농장	2,053	33	100	창고,용수시설	12개월	전화	010.2567.3110	
293	경상남도	양산시	물금읍	증산리 841-21	개인	개인	물금주말농장	1,924	33	100	창고,용수시설	12개월	전화	019.516.5614	
294	경상남도	양산시	물금읍	증산리 104-5외1	개인	개인	증산정자나무	2,737	33	100	주차장	12개월	전화	010.6740.7559	
295	경상남도	양산시	물금읍	증산리 559-15	개인	개인	물금주말농장	1,000	33	100	주차장,관수시설,창고”	12개월	전화	010.5025.5786	
296	경상남도	양산시	삼성동	호계동144 외62	개인	개인	공동주택인접 텃밭	13,210	30	미정		12개월	전화	010.3587.5278	
297	경상남도	양산시	삼성동	호계동522 외42	개인	개인	농장형주말텃밭	10,107	24	미정		12개월	전화	010.3596.0505	
298	경상남도	거창군	거창읍	대평리 1345	거창지역 자활센터	체험농장	녹색체험 텃밭	18,806	33	40	식수대	10개월	전화	“055.940.8162	

건달농부의
신나는 주말농장